本书为山西省软科学项目“VR技术驱动山西文化产业转型升级的策略研究”项目的成果

Philosophical Research on Knowledge Representation

From Individual Cognition to Social Presentation

知识表征的哲学研究

从个体认知到社会呈现

◎管云波　著

科学出版社

北　京

内 容 简 介

本书的核心内容是论述“知识表征问题及其发展趋势”这一认知哲学中的重要问题。主要分为五章：第一章，弄清知识表征的思想渊源及发展脉络；第二章，从认知视角剖析知识表征的概念、分类及方式等问题；第三章，对个体知识表征的本体论、认识论及方法论进行探讨，得知个体知识表征的局限性逐渐暴露并受到批判；第四章，对社会知识表征的本质进行介绍，深入探讨了知识表征中环境因素的作用机制及认知的本质等问题；第五章，对科学知识表征的社会性转向及其合法性进行研究。

本书既可作为认知科学和认知心理学的学习读物，也可供社会心理学、人工智能及心灵哲学等领域的师生阅读参考。

图书在版编目（CIP）数据

知识表征的哲学研究：从个体认知到社会呈现/管云波著. —北京：科学出版社，2020.6

ISBN 978-7-03-064784-9

Ⅰ. ①知… Ⅱ. ①管… Ⅲ. ①认知科学-研究 Ⅳ. ①B842.1

中国版本图书馆 CIP 数据核字（2020）第 056388 号

责任编辑：朱萍萍 张 楠 / 责任校对：贾伟娟

责任印制：徐晓晨 / 封面设计：有道文化

科学出版社 出版

北京东黄城根北街 16 号

邮政编码：100717

http://www.sciencep.com

北京建宏印刷有限公司印刷

科学出版社发行各地新华书店经销

*

2020 年 6 月第 一 版 开本：787 × 1092 B5

2024 年 9 月第四次印刷 印张：11 1/4

字数：221 000

定价：88.00 元

（如有印装质量问题，我社负责调换）

前　言

知识表征问题是认知科学哲学中的核心问题之一，旨在从认知视角探讨知识在大脑中的呈现。事实上，自哲学产生伊始，就没有停止过对知识如何表征的探讨。后来，一些具体学科，如心理学、社会学等，从哲学中分离出来后也继续从不同角度对知识表征进行研究。其中，科学知识社会学（sociology of scientific knowledge，SSK）的产生与发展将其全部工作的中心放在对科学知识本质的重新解释与研究上，颠覆了传统的知识观。我们知道，科学知识社会学强调社会因素对科学知识的作用。那么，我们是否可推论知识的表征不仅仅是认知个体大脑内部的认知过程，外在的社会因素也会作用于知识表征，或者说知识表征是否也具有社会性呢？

带着这个假设，并通过对国内外相关资料进行梳理可知：①到目前为止，关于知识表征的研究主要集中在认知科学领域，且仅限于从认知角度研究知识如何表征，没有对哲学、心理学、社会学等学科中的知识表征问题进行综合研究；②无论是哲学、社会学还是认知科学，在关于知识产生过程的研究中都逐渐重视对社会、环境等外在因素的考虑，但目前这方面成熟的研究不多，其中社会心理学家莫斯科维奇（S. Moscovici，1925—2014）的著作《社会表征》中涉及了一些相关的分析，可以解释知识表征的社会性；③关于知识表征与记忆、意象性、知觉等相关认知要素之间的关系及相互作用方面的研究很少。据此我们可以得知，一方面，知识表征的社会性研究和转向确实是可行的；另一方面，关于知识表征的历史根源、作用机制、发展趋势等相关问题缺乏整体、系统、宏观的研究和把握。

为此，本书的立论基点是，在系统分析知识表征思想的基础上，论证其在本体论、认识论、方法论等方面由个体知识表征向社会性知识表征转向的合理性，重点探讨科学知识在这一变化趋势中遭受的质疑及关于科学知识表征具有社会性的合法性论证，这具有非常重要的研究价值与意义。

第一，有助于扩展知识表征的研究范畴。知识表征的研究不仅仅是认知科学中的核心问题，同时也是科学知识社会学、社会心理学、哲学等学科所涉及的领域，本书将关于知识表征的多角度研究都融入进来，尝试从认知的视角剖析并论证知识如何表征的观点及其发展趋势，充实和完善了关于知识表征的相关理论和研究，这对当前认知科学的发展以及认知哲学的体系建构具有一定的价值与意义。

第二，顺应了当前社会认识论的研究热潮及发展趋势。本书在对知识表征本质进行探讨的基础上，也指出了知识表征的社会性转向这种趋势，将知识表征的主体由个体拓宽至相互合作的共同体，通过社会性因素在知识形成过程中的逐渐渗透，探讨知识表征的社会性及涉及的相关论题，得出知识表征也具有社会性这一基本属性的结论。这一转向凸显了知识如何形成的社会维度，开启了研究知识表征的新进路。

第三，有助于深化我们关于科学知识表征的重新理解与解释。作为一种特殊的知识表征，科学知识也顺应整个知识表征的动态变化过程，本书尝试通过对科学知识社会性的合法性进行重新解释，在个体与社会之间的张力关系中找到平衡。

需要特别注意的是，知识表征不仅是认知领域中非常重要的议题，还承担着知识的积累、文化的传承与发展、科技的进步以及民族的强大的重任。因此，在新时代社会背景下，对知识表征问题的研究与探讨有助于为当前我国文化建设、意识形态宣传等问题的研究提供不同学科背景的理论支撑和依据，具有重要的实际价值和研究意义。

总而言之，本书所阐述的思想与内容是笔者在多年来从事认知科学研究的基础上形成的，其间笔者的导师及同人给予了诸多建议和帮助，笔者希望它能为当前认知科学尤其是知识表征的研究提供一种可能的研究进路。知识表征的社会性研究从认知视角融合了认知科学以及心理学、社会学等不同学科的知识观，是一种尝试性的大胆探索。因此，本书在对知识表征发展趋势的研究中对“表征”生物学功能的强调，以及对知识表征社会化进路与科学知识社会学研究之间的关系、对知识表征社会化的难度或限度等方面的论证，一定有许多不足之处，为此，笔者真诚地欢迎学界同人给予学术评判与建议。

管云波

2019 年 5 月

目　录

导　论

知识的研究、起源起初都是哲学中所探讨的问题，自苏格拉底的“知识即德性”开始，哲学中几乎没有停止过对“知识是什么”“知识何以产生”问题的争论，且已形成许多系统成熟的研究成果，如知识论、认识论等，这些都是最初关于知识表征相关问题的探索。而从认知视角探索知识在大脑中的形成，则是新兴学科认知科学的研究范畴，旨在通过对记忆、知觉、判断等相关问题的探讨研究人的认知问题。这些研究都致力于从个体角度探讨信息在大脑中形成、再现的认知过程，最终陷入了个体认知困境。但随着当代认知科学的发展以及社会化大生产的社会背景，身体、情境、利益等社会性因素逐渐渗透到知识的本质与知识产生过程，直接影响了知识表征的研究方向和内容，促使知识表征发生着由个体性向社会性的转向，也因此引起众多学者的关注。

那么究竟什么是知识表征呢？“知识”一词，我们耳熟能详，例如，生活中的日常知识；随着信息化时代的到来，人们每天都会接收到铺天盖地的信息知识；从小到大我们所要学的科学知识；还有许多地方的民俗知识等，这些都属于知识范畴。而这里，我们所理解的知识是具有确定性的知识。“表征”（representation 或 to represent）一词则是认知科学的核心概念之一，其概念最早可追溯到拉丁文单词 repraesentare 和 represaesentatio，最初的含义是“代表”、“表示”以及“象征”。英语中的 representation 一词则是经古法语出拉丁文动词 rcpraesentare 和名词 repraesentatio 发展而来的。关于表征的解释有多种，例如，格拉斯（A. L. Glass）等认为，“表征是指信息记载或表达的方式，它所代表的是相应的信息”[①]。马尔（D. Marr，1945—1980）在《视觉》一书中将表征界定为“能把某些实体或某类信息

① Glass A L, Holyoak K J, Stanta J L. 1986. Cognition[M]. New York: Random House: 5.

表达清楚的形式化系统以及说明该系统如何行使其职能的若干原则”①。这些将表征理解为替代某种缺席事物的符号或信号的观点并不全面。“《牛津拉丁语词典》给出了这个词的三个义项：（1）现款支付；（2）将某物呈现于心灵的行动；（3）艺术中的想象或表达。”②后两种释义体现了表征再表现某物的意义。其中，“将某物呈现于心灵的行动”体现了内在表征，“艺术中的想象或表达”则体现了外在表征。这就与后来认知科学中关于表征的解释相似。事实上，认知科学对表征的界定是以认知结构为基础的，将表征视为知识或信息的组织方式，因此，在某种意义上，我们可以将表征等同于知识表征。

作为认知科学中的核心问题之一，知识表征有很高的学术研究价值，不仅如此，知识得以表征，历史文化才得以传承，科学技术才得以发展，社会才得以进步，民族才得以强大。

当然，我们知道，科学知识社会学是用社会学的方法对科学知识进行解释的学科，那么，能否推测知识表征也具有社会性？通过研究我们不难发现，无论是在认知科学内部还是在认知科学以外，对知识表征的研究都逐渐渗透了环境、社会等因素，并成为一种趋势。因此，对知识表征的社会性进行研究确实是可行的，主要表现在以下方面。

（一）科学史的发展趋势，使知识表征社会性的研究成为一种必要

随着社会的发展和需求，科学也发展得越来越复杂、庞大，原来以个体为主的、独立的研究已经不能胜任复杂的科学实验或科学研究。因此，到了20世纪，科学活动逐渐从个体科学家的独立研究活动发展为大规模的、科学家之间的分工合作，科学研究的主体由个人变为科学家群体，即科学的发展由“小科学”时代逐渐进入了“大科学”时代。这种变化不仅仅是因为逐渐扩大的科学规模，也是就整个科学发展的体系而言的。科学的发展研究与社会之间的联系日益紧密，其成果也运用并逐渐渗透到社会各领域，对整个社会的发展产生很大影响，同样，社会的进步、国家的发展反过来也促进了科学的研究。此外，科学活动，尤其是一些特殊的科学研究需要配备大型的仪器设备、实验室，以及专门的科研队伍，这就需要由国家或社会进行协调，也势必导致社会对科学活动的管理。因此，科学与社会二者是相互渗透的，并不断加速深化，科学研究可以促进现代社会经济

---

① Marr D. 1982. Vision[M]. San Francisco: W H Freeman: 27.
② 魏屹东. 2012. 表征概念的起源、理论演变及本质特征[J]. 哲学分析, 3(3): 98.

效益的提高乃至政治、军事、文化甚至人的发展。

此外，就科学研究的主体而言，其也不再作为个体存在，科学研究不再只是科学家个体按照自己的爱好兴趣“为科学而科学”的研究，而会因为受到外界的吵闹和干扰，使研究的自由性变得越来越弱化，最终使研究成为一种集体的行为即科学共同体①的行为。科学共同体可以体现集体合作的性质，也体现了科学研究中越来越细致的学科分化以及研究的专门化程度，科学共同体的类型越多样化，共同体之间的交流就会越密切，这也是科学共同体形成的必然条件。此外，社会性因素的渗透，会导致研究的成果必然也渗透着社会性的因素，例如，成员之间的关系、经济利益、成果的评价方式等，使其研究结果不再是单纯的产物。

通过论述可知，“大科学”时代，科学研究无论在规模还是速度上都急速扩大和提高，成为社会化的研究事业，并以集体合作的方式有序进行。可以说，科学活动的社会性越来越明显，甚至成为一种社会建构的、社会性的活动。相应地，科学研究的成果即科学知识的表征也同样具有社会性，不再是原来“小科学”时代对真理的追求所产生的个体知识表征，这体现了知识表征的社会性转向，因此，科学史的这种变化是知识表征社会性的外在原因和推动力。

（二）后现代主义的思潮对真理与知识的解构开启了知识表征社会性研究的大门

后现代主义或后现代思潮产生于当代高度发达的工业社会，是对社会现实的否定。同样，后现代的知识观也建立在对现代知识观的批判之上，它反对抽象的、形而上学的知识，认为对知识客观性和确定性的追求使人们容易倾向于知识的权威化和等级化，因此，反对将知识分为高等知识和低等知识、基础知识和应用知识等形式，同样，也反对对理性的片面理解和滥用，因为这会导致对科学知识的盲目崇拜。

在后现代主义看来，在当代信息高度发达、经济全球化趋势逐渐深入的知识社会，知识的生产及发展甚至评估都应该是动态的，主体在面对知识的内容时，由于主观感受、智力结构和价值判断等各不相同，认知结果必然也存在差异。因

① 科学共同体是托马斯·库恩在《科学革命的结构》一书中首先提出并论述的。库恩认为科学共同体由一些学有专长的实际工作者组成，这些工作者因为所受教育和训练中的共同体因素结合在一起，他们自认为同时也被社会认为专门探索一些共同的目标。因此，共同的范式是科学共同体的认识论基础，也是科学共同体形成、存在和发展的依据。在库恩看来，科学共同体是科学认识的主体，尽管科学研究是由个人进行的，但科学知识本质上却是集体的产物。

此，知识不是静态的呈现，对知识价值的评价与判断，不能以其所呈现的知识结果为尺度，知识的形成是动态的过程，这也正是知识的生命力之所在。

此外，与现代的知识观不同（现代知识观主张对知识客观性、确定性、普遍性的追求），后现代的知识观主张，知识是认知主体在特定情境下的理解与创造，是特定情境、特定阶段的成果，任何知识都是承载着特定时空、环境、范式等综合因素的意义系统，知识不可能完全中立地存在。因此，在笔者看来，后现代的知识观强调的是知识的境域性，提倡要以宽容的态度对待知识，放弃以往对知识同一性的追求，主张尊重个人由于不同的知识积累和价值判断而对同一事物所产生的多样化的理解。

后现代社会对知识不再盲目地崇拜，认为知识的生产、评估都发生在情境之中，知识是具体情境的产物，因此对知识应多元化地理解。这就在一定程度上消解了科学知识的话语特权，彻底颠覆了以往科学知识不证自明的权威性，为知识的社会性研究做了铺垫。

（三）历史主义的产生转变了知识表征研究的思维方式，将社会性因素纳入科学知识研究的范畴

历史主义的产生在科学哲学的发展中无疑是一场革命，打破了在此之前逻辑实证主义一统天下的局面。作为一种理性主义，以石里克（M. Schlick，1882—1936）、卡尔纳普（P. R. Carnap，1891—1970）等为代表人物的逻辑实证主义主张科学知识的表征与研究是可证实的，在研究过程中注重逻辑推理的作用，而不关注科学知识的内容，因此不涉及社会、历史文化的因素。与逻辑实证主义的主张几乎反其道而行之，历史主义视逻辑实证主义为一种先验的框架，属于静态的形式，不能真实地反映科学活动，主张在知识表征的过程中要将历史、文化等现实内容纳入知识如何表征的研究中。

提及历史主义，就不得不介绍托马斯·库恩（Thomas S. Kuhn，1922—1996）的科学观。他的思想是哲学领域的变革，有承前启后的作用，不仅在当时产生了巨大的革命性影响，也在横向上影响了其他领域的发展方向，如政治学、社会学、女性主义等，其中科学知识社会学关于科学知识建构论的提出就深受其影响。其主要观点通过《科学革命的结构》一书中对“科学共同体”“范式”“科学革命”等概念的论述得以体现。在库恩看来，科学理论的选择由科学共同体通过范式的选择共同决定。科学共同体是由具有相关专业背景、教育背景或者共同爱好的人组成的群体，他们之间的观点或专业判断基本一致。而范式则是共同体所共同持

有的信念、观点、标准、技术等，是科学共同体认识、解释世界的工具。范式之间具有不可通约性，即理论 A=B 在范式 X 中成立，但在范式 Y 中就未必成立，由此，科学知识的表征由范式决定。可见，“范式首先不是获得认同的理论立场，而是概念化和介入特殊的经验情境的范例性途径”[①]。

通过对范式与科学共同体的界定可知，库恩抛弃了镜式思维的研究惯性，首次将诸如爱好、文化等主观与社会因素引入科学研究过程，认为科学研究就是一场社会活动而已，它的性质由科学共同体共同决定，是具有历史语境的科学。这样，科学就具有了动态性，而非一种静态的形而上学的理论。库恩的科学观影响了之后发展起来的科学知识社会学，科学知识社会学的知识建构论就将对知识如何表征的考察从认知的个人维度，转向了认知的社会维度。可见，历史主义对知识表征社会性的研究转向在理论上有直接性的影响。

（四）认知科学中具身理论、延展认知、动力主义等理论的提出，体现了知识表征的社会性研究趋势

我们知道，认知科学（cognitive science）是 20 世纪 70 年代后期产生的新兴学科，是由计算机科学、心理学、哲学、语言学、人类学和神经科学等分支学科组成的研究人的认知问题的交叉性学科。作为认知的核心问题之一，知识表征的研究在认知科学中处于重要地位，并从未中断。

最初关于知识表征的研究主要是符号主义和联结主义两种范式。它们以计算机隐喻为基础，将知识在大脑中的表征过程视为通过计算机将符号加工并输出而实现。虽然是两种完全不同的研究范式，它们却都主张在个体范围内研究认知个体的知识形成过程，因此，以计算机隐喻为指导的思想具有局限性，摒弃了认知过程中的身体、环境等因素，不能完全反映心智过程。

很快，这种观点就遭到了各种质疑和批判，其中具身理论及延展认知就反对认知仅是大脑活动的观点，它们将认知与认知主体的身体及所处环境联系起来，主张认知不仅与身体相关，也与社会环境相关，既是具体的、情境化的，又是与社会相关的，受社会中的文化、技术等发展的影响，简言之，认知与环境相关。随即，这种关系问题成为认知科学新的关注点，引发了愈演愈烈的讨论，当然，有支持的声音，反对的声音也不少。2013 年出版的由亚当斯（F. Adams）和埃扎

① 约瑟夫·劳斯. 2004. 知识与权力——走向科学的政治哲学[M]. 盛晓明，邱慧，孟强译. 北京：北京大学出版社：31.

瓦（K. Aizawa）所著的《认知的边界》一书，也深入探讨了关于这种关系问题的各种声音。这些都说明在知识表征中已渗入环境因素，其已经引起关注并具有一定的合理性。

总之，现实的背景、理论的铺垫都证明，知识表征的研究与发展具有由个体性向社会性发展的趋势，因此，进行这样的研究是可行的，既具有现实的社会基础，又具有理论依据和方法。为此，本书旨在在系统分析知识表征思想的基础上，论证其在本体论、认识论、方法论等方面具有社会性的合理性，重点探讨科学知识在这一变化趋势中遭受的质疑及关于科学知识表征的合法性论证。

第一章

知识表征的思想溯源

在各个学科从哲学中分离之前，知识的研究仅在哲学范畴内进行，并且自古希腊开始几乎没有中断过。随着心理学、社会学等学科逐渐从哲学中脱离出来，人们才开始了对知识及相关问题进行不同学科视角的研究。知识的产生必然是一种认知的过程，尽管以往的相关研究没有从内在认知的角度探讨知识在大脑中的形成，但其关于知识何以产生的探讨，事实上也是知识表征的思想和观点，而且不同视角、不同侧面的研究和分析能为我们全面把握知识表征的研究提供丰富的资源。因此，对以往的知识表征思想进行研究，并在此基础上进行反思和评析是必要且有意义的。

第一节　哲学中的知识表征思想

古希腊哲学自产生伊始，就被视为探求事物本质的活动，因此，对知识的产生、知识本质的探讨自古希腊就已经开始。

一、古典哲学本体论的知识表征观

（一）知识依赖灵魂的“回忆”得以表征

这是柏拉图在回答知识的普遍性来源时提出的观点，是通过结合其在《斐多篇》中苏格拉底关于灵魂的学说——我们的出生只不过是一种睡眠和遗忘，并结合记忆一起得出的结论，认为知识的获得和学习是回忆起在另一个生命中获得的知识，即关于知识的“回忆说”。

在柏拉图看来，知识并不是人们后天获得的，在人出生之前知识就已经在灵魂中存在，但人出生后灵魂和肉体一经结合，知识经过肉体的干扰便被暂时忘记，只有在后天的学习中唤醒处于潜在状态的知识，知识才会浮现在大脑中。由此我们知道，人们后天的学习并不是学习知识的过程，而是起着唤醒、提示、回忆本就存在的知识的作用。灵魂中的知识是普遍性的理念，当看到现实世界中的具体事物时，便回忆起和这些具体事物相类似的知识。例如，当一个人看到美的风景、美的人等具体美的东西时，便会回忆起关于绝对美的理念。柏拉图也在其《美诺篇》中以一个叫美诺的童奴为例，以此说明“让一个从未受过教育的童奴能够完全凭借自己的力量推论正方形和三角形，是因为他的灵魂在前世知道的事情今世依旧存在，只要努力就能回忆出来”[①]。

柏拉图的“回忆说”体现了知识表征的思想，是一种关于知识如何产生的认识论研究，也是一种唯心主义的先验论思想，这种认识观点在当时最具代表性并对后世产生了重大影响，更主要的是为人类探讨知识的来源与途径问题提供了一条思考之路。

（二）知识通过对客观对象的反映与思维得以表征

与柏拉图恰恰相反，作为柏拉图最出色的学生，亚里士多德反对柏拉图“天赋观念”的观点，认为知识的对象比知识本身更早存在，学习的过程是对已经存在的事物的认识，如果存在天赋观念，那就无法解释人们对科学知识的不解。因此，知识的来源是后天的，现实中的具体事物都是我们认识的对象。

亚里士多德关于知识表征的思想也与灵魂密不可分。在他看来，灵魂先于肉体并决定肉体，人的灵魂包括营养灵魂、感觉灵魂、理性灵魂，人的认识活动依靠感觉灵魂和理性灵魂进行。通过依靠感官即感觉灵魂对外在的事物进行认知所获得的知识实质上是通过感觉、记忆、经验得来的经验知识，这种经验知识撇开了事物的质料而只接纳其可感觉的形式。例如，在纸上盖印章，纸上只体现印章的痕迹，而不反映印章的质地。在亚里士多德看来，感性认识固然是重要的，“但

① 柏拉图. 2002. 柏拉图全集(第一卷)[M]. 王晓朝译. 北京: 人民出版社: 491.

感官总不能告诉我们任何事物所以然”[①]，真正的知识要兼知所以然。因此，对事物本质的认识，要依靠理性灵魂，但灵魂对事物的认识要依靠外力作用才能产生，并达到对事物本质的认识。

由此可知，亚里士多德关于知识表征的思想区分了两种认识：感性认识和理性认识。感官对事物的认识属于初级阶段，是在对客观存在事物的认识基础上获得的知识，换句话说，认识对象是存在于人的思维之外、不以人的意志为转移的客观事物，知识就是感官对客观事物的认识，而不是天赋的，这就体现了反映论的思想。但同时这种知识是肤浅的，因为人区别于动物是由于人具有主观能动性，具有思维能力，因此要深入了解事物本质还要发挥人的思维能力，使感性认识上升到理性认识，获得真理的知识。从亚里士多德的论述中可以得出，所有知识的起源皆来自感觉，这种知识是直接的，在感性知识的基础上，理性灵魂可以通过进一步思维把握客观事物的本质，这样获得的知识是间接的。因此，归根到底，知识是通过对客观事物的反映和思维得以表征的。

二、近代哲学认识论的知识表征观

古希腊哲学时期的知识表征思想是哲学家在对自然界研究的基础上提出的，关于知识如何表征的研究也是在对世界本源的探讨中予以论证的。到了近代哲学时期，尤其是受文艺复兴运动的影响，哲学由对自然的研究，转向对人类认识活动的方法、途径、原则等的规定，由本体论研究转向了认识论研究，主要探讨人类自身的思维活动。这个时期关于知识表征的思想主要体现在两大派别上：经验论与唯理论。经验论的代表人物主要有培根（F. Bacon，1561—1626）、洛克（J. Locke，1632—1704）、休谟（D. Hume，1711—1776），唯理论的代表人物主要有笛卡儿、斯宾诺莎（B. Spinoza，1632—1677）等，他们的主要观点和论著可以体现不同的知识表征思想。

（一）知识依靠感觉经验得以表征

经验论关于知识表征的观点认为，人的一切知识或观念皆来源于感觉经验，否认“天赋观念说”。感觉经验是由外物作用于人的感官引起的，它能保证知识的确实性，因此知识依靠感觉经验才得以表征。

① 亚里士多德. 1997. 亚里士多德选集：形而上学卷[M]. 苗力田译. 北京：中国人民大学出版社：3.

1. 培根：知识通过对客观世界的“模仿”得以表征

培根是经验论的开创者，在知识表征的问题上，他反对以虚幻的天国为研究对象的神学，首先确定了知识表征的对象是现实的客观世界。在培根看来，人们对自然事物的认识实质上是对客观世界的“模仿”，因此“知识是存在的表象”[①]，而不是头脑中固有的存在，人类的认识活动就是一种反映自然事物的活动。可见，将客观的自然事物作为认识的对象，这是培根关于知识表征思想研究的前提。

此外，在知识如何表征的研究中，培根认为，人类的一切认识都起源于感觉，感觉表象是认识的起点。但同时，感觉具有狭隘性，并带有主观性，因此，通过感觉得来的知识有时具有欺骗性，不能达到对客观事物本质的认识。这就要借助其他工具帮助弥补感官的缺陷，科学实验则是最主要的补救办法。不仅如此，还需要运用理智的能力对资料进行加工、分析从而揭示自然事物的本质和规律，得到更深层的知识，这就蕴含了经验和理性相结合的主张。总之，培根关于所有知识起源于经验的原理开创了经验论的先河，体现了知识如何表征的经验论研究。

2. 洛克：知识靠外界事物留在“白板”上的痕迹得以表征

关于知识表征的“白板说”是洛克在反对当时十分流行的“天赋观念说”时提出的。洛克认为，知识的产生不用“天赋观念说”也能解释，解决方法就是“白板说”，即人出生的时候，心灵像“白板”一样干净、纯洁，随着经验的获得，便可以在这块白板上印下痕迹，形成知识。

在洛克看来，知识是人类通过天赋的能力感受外在事物，并形成观念、经验之后才获得的，而非天赋的。因此，人类知识的形成建立在经验基础之上，既可以通过感官对外界事物的观察形成知识，也可以通过对我们已经知觉到的心灵内部活动的考察形成知识，即通过感觉和反省两种经验来源形成全部的知识和观念，从而在心灵的白纸上形成知识。

洛克关于知识来源的论述强调观念和知识密不可分，但二者并不相同，观念是人的心灵所知觉、思想的直接对象，来源于经验即外在的感觉和内在的反省，同时观念又是形成知识的材料和依据，知识是对两种观念之间关系的认识，因此，知识只与观念有关，观念是知识的对象。如果观念是形成知识唯一的依据和材料，而一切观念又都来自经验，那么知识来源于经验便是合乎逻辑的结论。

---

① 培根. 2008. 新工具[M]. 许宝骙译. 北京：北京出版社：93.

（二）知识的表征是“天赋的”

知识的表征是“天赋的”。这是唯理论关于知识表征所持的观点，唯理论排除感性认识和依靠感觉经验得到知识的观点。其从先天的、无可否认的“自明之理”出发，指出知识是天赋的以及人的理性在认识过程中的决定性地位，主张只有依靠理性才能达到对真理的把握，确定理性至上的地位。

1. 笛卡儿：知识依靠天赋的理性思维得以表征

这是笛卡儿关于知识如何表征所持的观点，事实上，这种天赋观念的理论在古希腊柏拉图关于知识表征的探讨中就已得到体现。笛卡儿认为，知识的来源不能依靠感觉经验，因为感觉经验不可靠，他以蜂蜡为例，认为刚从蜂房取回来的蜂蜡无论是颜色、形状还是大小，呈现的是一种状态，但是，一旦人们将蜂蜡靠近火源，蜂蜡的这些特性就全部发生了变化。因此，依靠感觉，面对同一事物，得来的知识却是不定的，感觉靠不住，不足以成为知识或科学知识的基础，科学知识只能是天赋的。但笛卡儿在其后期的哲学著作中一再声明，观念的天赋性并不是指观念一开始就出现或永远会出现在我们的思维里，如果真是那样的话，就没有任何观念。天赋观念的更深层含义指的是在我们心里有生产这种观念的天赋能力。而这种天赋的能力就是建立在理性思维的基础上的，是人们运用理性演绎的方法获得知识的能力，因此，凡是通过理性最终清楚明白的就是真的，通过理性演绎得来的知识才是真正的科学知识。

2. 莱布尼茨：知识靠天赋的禀赋得以表征

同笛卡儿一样，主张知识靠理性思维得以表征的近代哲学家还有莱布尼茨、斯宾诺莎。莱布尼茨在知识如何表征的研究中，首先也批判了感觉经验，认为人与动物之间的区别就在于动物的认识仅凭经验就可以得到，而人类的科学知识绝不是仅靠经验就能产生的，感觉经验对于知识的产生是必要的，但并不足以向人类提供全部的知识，而是仅仅在知识的产生过程中提供一些可供参考的例子，不能建立真理的普遍必然性，所以感觉经验具有局限性。

莱布尼茨的“天赋观念论”比笛卡儿走得更远，主张人类所有的观念都是天赋的。这种天赋性作为一种潜在的能力天赋存在，而非把观念直接呈现在大脑中。并且，这种天赋能力与人相伴并相互适应，通常不被我们所察觉，只有被感觉经验所激活，才会引起人们的思考与反省，最终获得对知识、真理的认识。

从笛卡儿、莱布尼茨不同的天赋观念说可知，他们关于知识如何表征的研究首先都反对感性认识，认为科学知识不可能通过感性认识获得，应依靠理性达到对知识的获得。当然，他们并不完全排斥经验在认识中的作用，只是认为仅仅依靠经验可能导致错误的知识，故不能作为真理标准。事实上，在近代哲学时期，无论是经验主义者还是理性主义者都不是绝对地排他，而是主张知识的表征主要依靠的是经验或理性，在某种程度上都主张二者的联姻。

（三）知识靠经验与理性的结合得以表征

近代哲学关于知识表征思想的研究是通过经验论和唯理论两种认识论之间的争论进行的，直到康德知识观的出现，才对现存的矛盾进行了整合，超越了二者在当时占有统治地位的传统。康德指出，经验论和唯理论都有正确的地方也都有片面的地方，因此他将二者的正确性结合起来形成自己的知识观，主张知识既不是起源于经验，也不单是由理性构成，而是以理性为基础的经验与理性的结合。

在康德看来，一切知识都是以经验开始的，“对象刺激我们的感官，既产生了表象，又促使我们的知性活动起来，把这些表象加以比较、联结或分开，把感觉印象这样一些粗糙的材料构成关于对象的认识，即经验”[①]。但知识的普遍性和必然性则不能从经验中去寻找，而应来自认知主体的内部，即借助理性才能把握事物的本质，因此，知识正是主体能力与客体感觉材料的有效或有机结合。这正如康德在关于知识的论述中指出的，“科学知识由先天的形式和后天的质料两个因素构成，先天的形式包括各种概念和范畴，后天的质料是感觉的表象和感性直观。科学知识实质上是运用先天的纯粹形式对杂多的感觉表象质料加以整理和综合的产物”[②]。

康德关于知识表征的思想化解了以往经验主义和理性主义各执一词的局面，克服了它们的片面性，从感性直观和理性思维相统一的角度去探讨，注重认知主体与客体在知识产生过程中的统一性，并强调认知主体的能动性。由此可见，康德作为一个哲学大家，他关于知识的理论具有独创性，其对以往的研究中存在的问题的认识也非常敏锐，结束了近代哲学关于知识如何表征这一问题在思想上的分裂局面。

---

① 康德. 2004. 纯粹理性批判[M]. 邓晓芒译. 北京：人民出版社: 69.

② 王朝元，兰荣娟. 2008. 科学知识：先验的综合判断——康德知识观简论[J]. 广西师范大学学报(哲学社会科学版)，44(6)：12-15.

三、现代西方哲学多元化的知识表征观

在康德之前，近代关于知识表征的思想是分裂的，直至 19 世纪中后期，这种形而上学的哲学观才走向终结，开始了向现代哲学过渡的时期。与以往的哲学相比，这个时期的思想发生了重大改变，其中之一就是对知识有了独特而全新的探讨。哲学家从不同角度对近代哲学观点进行批判和超越，在此基础上形成各自的流派，诸如分析哲学、现象学、后现代哲学以及科学哲学等，由此，这一时期关于知识表征的思想也可谓是纷繁复杂。

其中，作为从哲学的视角对现代社会及科学发展中的相关问题进行研究的派别，科学哲学对科学知识的相关研究体现了知识表征的思想。其中，逻辑实证主义和历史主义的观点和主张非常具有代表性并影响深远。

1. 逻辑实证主义：知识以逻辑和经验为基础得以表征

自笛卡儿以来，传统的知识观认为，科学知识才是真正的知识，其他非科学的信念或意见都不是知识，主体按照理性确立知识的基础，并在此基础上建立科学大厦。之后，这种知识观被逻辑实证主义推向巅峰。

逻辑实证主义产生于 20 世纪 20 年代，在科学哲学发展的很长时间内都占据统治地位，主要代表人物有石里克、赖欣巴哈、卡尔纳普、波普尔等。逻辑实证主义者关于知识如何表征的问题所持的基本观点是，知识来源于观察和感觉经验，科学知识以经验为出发点，通过逻辑分析和归纳得出，“除了观察和经验科学以外，没有其它检验和证实真理的方法”[①]。当然，在此过程中要将社会、历史、文化等因素排除，保证科学知识的客观性，科学知识是不可错的。

同时，由于科学知识建立在科学语言基础之上，因此，科学语言的可靠性是构建知识大厦的保障，在知识产生和研究过程中，要注重对科学语言的逻辑分析。在卡尔纳普看来，科学知识的实质就是对经验事实的逻辑表述，相应地，科学也就成为对经验事实进行逻辑且规范描述的语言系统。石里克也赞同这一种观点，主张知识必须经过逻辑分析的作用才得以产生，不仅如此，对知识内容与本质的把握更要依靠逻辑组织和逻辑演绎的作用。可见，逻辑真理在知识的产生过程中可以使经验知识更加系统和简明。

通过总结可知，逻辑实证主义者关于知识产生过程的观点是：科学知识是借

---

① 洪谦. 1989. 逻辑经验主义[M]. 北京：商务印书馆: 8.

助于严密的逻辑分析和逻辑推理对科学语言进行分析和推导，并对经验事实加以分析后得来的。他们将辨别知识真伪的唯一标准诉诸经验，认为只有科学知识才是客观的、实证的，才具有确定性和普遍性。

2. 历史主义：知识将历史、社会、文化及非理性因素等纳入其中得以表征

逻辑实证主义对知识产生问题的考察是站在一个非历史的、不变的、静态的角度进行的，没有考虑科学活动和实践，即忽视了知识产生的动态过程和科学发展中的历史规律。于是，到了20世纪下半叶，以库恩、费耶阿本德（P. Feyerabend，1924—1994）等为代表人物的历史主义学派通过对逻辑实证主义的全面批判，提出了新的观点。

历史主义学派否定了经验是科学知识的来源与检验标准，反对仅对科学知识的产生做静态的分析，主张在知识的产生中要将历史、社会、文化、心理等因素都考虑进去，对知识进行动态的解释，这样产生的知识才是完整全面的。在笔者看来，历史主义学派对科学知识的界定不是单纯通过逻辑分析的命题集合进行的，而是着眼于实际和历史对现实存在的认知主体及其活动的考察，并对科学活动进行动态的描述。他们将以往研究中坚决排斥的非理性因素、社会和心理因素等都纳入科学研究中，认为科学家的认识活动不是绝对客观中立的，科学事实上是一种非理性的事业。

作为历史主义学派最富影响的代表人物，库恩“范式”理论的提出具有革命性的意义，事实上他关于“范式”的哲学论述离不开“科学共同体”的提出。在其《科学革命的结构》一书中，一开始他就指出科学不是“科学技巧和知识不断增长的货堆”，承认客观真理是十分可笑的事。在库恩看来，科学知识的产生是认知主体、认知对象和认知工具三者的运动过程，认知主体即科学共同体。由于现实世界和科学的发展是十分复杂的过程，因此知识绝不可能是主体对客观世界的机械反映，其中涉及许多复杂因素，科学共同体的价值、爱好以及相互之间的利益等都会影响科学知识的产生。同时，科学知识产生的意义又由范式决定，但同一科学理论在不同的范式中是有不同的理解和意义的，范式之间不可通约，科学的发展正是在“常规科学”与“科学革命”相互交替的过程中进行的。因此，科学知识具有历史性，是相对的、随机变化的，这种观点对以后的知识观影响至深。

后来，费耶阿本德发展了库恩关于科学知识的相对主义和非理性主义思想，

并将相对主义的发展推向了顶峰。在他看来，科学理论的形成非但不能排除非理性因素，还要肯定并加强非理性因素或方法在其中的作用，认为各种非理性因素的存在与构成才是形成知识的前提。简言之，没有“混乱”，就没有知识，并且这种多元的、非理性的、“怎么都行”的方法，在知识积累与科学进步中发挥着重要作用。

历史主义关于知识表征的思想具有十分深远的影响，尤其是库恩的思想影响了当时其他分支或流派的知识观，如后现代主义的知识观、女性主义的知识观、语境主义的知识观等。其中，后现代主义关于知识的观点建立在对现代知识观的质疑和批判基础之上，认为知识不是仅限于以理性为基础的科学知识。首先，知识的产生与认知者的兴趣、利益、价值观都密不可分。其次，知识不能脱离于特定的时空、文化等整个系统而存在，对知识的考察应该同时纳入知识所处的文化环境、境域以及知识的价值。据此，不存在任何客观普遍的“纯粹”的知识。不仅如此，库恩的相对主义知识观还影响了其他学科中关于知识的理解，如社会学的分支学科知识社会学就认为知识的产生过程要将社会性的因素包含进去。

第二节　社会学中的知识表征思想

社会学，顾名思义是从社会的角度考虑问题，关于知识的产生问题，社会学也是从社会这一宏观的视角进行解释的。由于当代科学的发展日益渗透到人类社会的各个领域，科学知识的生产过程也与人类社会之间相互联系，知识的生产不仅是个体的活动，也与各种集团如大学、企业、政府等之间有多层面的、复杂的交互作用。因此，作为社会学的分支学科，知识社会学、科学社会学以及后来的科学知识社会学都分别从各自理论的研究视角、侧重点对知识如何生产给予了不同的、宏观的理解和解释。可以说，20 世纪 30 年代以来，特别是 50 年代之后，社会学成为解释科学知识生产的重要视角。

一、知识社会学关于知识表征的思想

顾名思义，知识社会学是对知识进行社会学角度的解释，知识社会学的发展最早可追溯到杜尔凯姆（E. Durkheim，1858—1917）那里，他首先提出了知识社会学的一些概念和方法。后来，舍勒（M. Shelar，1874—1928）继续发展，并首

次提出了“知识社会学”。舍勒认为，“所有知识的社会学地位、各种形式思想、直觉与认识的社会学地位都是毋庸置疑的”①。但真正关于知识社会学的研究当首推卡尔·曼海姆（Karl Mannheim，1893—1947），他关于这方面的研究著作颇多，贡献也是最大的，他认为“知识社会学最重要的特点就在于将社会与知识放在一起考察，它是一种考虑社会结构中知识根源的尝试”②。

关于知识如何表征的思想，曼海姆在《意识形态与乌托邦》一书中，就试图通过分析“知识的社会根源”加以论述：

> 我们将把知识社会学作为这样一种理论，即关于实际思维受社会或存在决定的理论。……存在决定思想在思想领域中可被视为一个明显的事实，我们在这个领域中，可以证明：（a）认识过程实际上在历史上并不是根据内在的规律发展的，该过程并不只是遵从“事物的本性”或“纯粹逻辑的可能性”，也不是由“内在的辩证法”推动的。相反，现实思想的出现和形成，在许多关键方面都是受各种各样超理论因素影响的。与纯理论因素相反，这些超理论因素可以称为存在因素。这样，思想的存在决定也就不得不被看作是一个事实。（b）这些存在因素对知识的具体内容的影响绝非只有边缘性的重要性，它们不仅与观念的产生有关，而且渗透进了观念的形式和内容之中。此外，它们还决定了我们的经验和观察的范围与强度，即我们先前称为主体的“视角”的东西。③

由此我们得知，在曼海姆以及大多数知识社会学家看来，社会因素不仅会影响认知主体的研究，还会影响知识的内容和形式，因此对所有的知识都可能也必须从社会境况来说明。他们认为“知识”所涵盖的内容比较宽泛，其中，在关于科学知识如何表征的研究中，曼海姆则认为，与其他知识不同，自然科学知识是经过精确的测量和研究得出的结论，社会因素不能影响它的内容，而仅限于影响科学知识产生的速率和方向、科学的前沿问题、科学家的组织方式等，因此可以免于社会学的考察。尽管如此，同以往相关研究比较，这也足以反映出人们的科学知识观正发生着由对知识普遍性、客观性等科学品质的追求到对社会性、非理性因素的关注的逐步转变。

① Merton R K. 1973. The Sociology of Science[M]. Chicago: The University of Chicago Press: 23.
② 曼海姆. 2002. 意识形态与乌托邦[M]. 黎鸣，李书崇译. 北京：商务印书馆: 34.
③ Mannheim K. 1936. Ideology and Utopia[M]. New York: Harcourt, Brace&World: 267.

二、科学社会学关于知识表征的思想

科学社会学是从知识社会学中脱离出来的一门学科，主要创始人是罗伯特·默顿（Robert K. Merton，1910—2003）。在他看来，知识社会学对知识的研究过于宽泛，而科学社会学主要是对科学进行社会学角度的分析，将科学作为一个社会系统进行理解。因为科学的生产处于社会环境中，会受社会条件的支持或社会因素的制约，而科学的生产无非就是科学知识的产生，因此，科学知识的产生也必然会受社会因素的影响。

默顿关于社会因素会影响科学知识生产的观点可以从两方面理解。其一是科学内部的社会环境：关于科学知识生产的社会规范、科学奖励制度、评价系统等，会对科学知识的生产造成影响。例如，关于科学知识生产的相关规定或规范可以避免科学知识生产中用个人情感等主观因素侵蚀科学知识，保证科学知识增长健康有序地进行，而且科学奖励制度也可调动科学家的积极性，激励他们的研究热情，对知识生产有促进作用。不仅如此，科学家以及科学共同体之间也相互影响。其二是生产科学知识的外部社会环境，如政府政策上的扶持、企业经济上的资助以及相互之间的利益关系，或者所处的社会文化都会影响知识生产的方向或目的。

可见，在关于科学知识表征的论述中，默顿承认社会因素和文化对科学知识生产的影响，以及这种影响的相互作用性。但这些外在因素的影响仅能触动科学知识的结构和发展方向，被屏蔽在科学知识的内容之外。因此“社会的”因素对于科学知识而言就像无线遥控汽车一样，只能无形地操纵着对象模型的形状、速度、轨道、方向等，却不会影响模型的材料、质地。

三、科学知识社会学关于知识表征的思想

科学知识社会学关于知识表征的思想认为社会因素会影响知识的表征，但科学知识除外。鉴于知识社会学中所涉及的知识范围过广，因此默顿的科学社会学只专注于社会因素对科学知识的影响，指出社会因素在科学知识表征中不会影响科学知识的内容，只是影响其发展方向和结构。到了20世纪70年代，科学知识社会学在批判知识社会学和科学社会学知识观的基础上，逐渐形成了独特的关于知识表征的思想。

在科学知识社会学看来，虽然二者都承认社会因素对科学知识的表征有一定

的影响，但这种影响改变的仅仅是科学知识的结构、发展速率、发展方向等，仍将数学公式、定律等科学知识视为“黑箱”不可触碰，视科学知识为特殊的知识。与以往的研究不同，科学知识社会学就是要打开黑箱，用社会学解释科学知识的产生，认为“科学不是一组在不同的特殊文化情境中维持正确描述和有效推断的普遍标准，科学中的权威和控制不会简单地保证‘理性’和经验之间的互动不受妨碍。科学标准本身就是一种特殊文化形式的组成部分，权威和控制对保持这种特殊形式之适当感是必要的。因此……科学应当完全像任何其他知识或文化形式那样，受到社会学的考察”[①]。

科学知识社会学的“强纲领”主张，知识不仅仅是个体科学家内在思维、逻辑和理性的产物，也包含着个人的主观成分和社会成分，同时还受社会语境的影响，并且社会性才是科学知识的核心构成内容。后来经过进一步的发展，科学知识社会学的“社会建构论”者通过对实验室生活进行考察后主张，科学知识不仅仅包含社会因素，而且自始至终完全是由科学家经过社会磋商，并以科学共同体的利益为目的建构出来的，就像实验室流水线上的产品一样，是人工制造的产物。简言之，社会因素才是科学知识得以形成、科研活动得以进行的决定因素和根本原因。

总之，较以往知识表征的研究，社会学关于知识表征的研究逐步用社会维度取代自然维度，使知识的表征不再是个体认知的产物。

第三节　心理学中的知识表征思想

一直以来，知识都是哲学研究的对象，心理学真正对知识的研究，是在认知心理学产生之后即 20 世纪 70 年代开始的，在此之前，心理学的关注点主要集中在行为主义心理学的研究。

一、行为主义心理学的知识表征观

行为主义心理学是美国心理学家华生（J. B. Watson，1878—1958）受机能主义以及当时实用主义哲学的影响而创立的，不主张对意识以及与意识有关的思

① Barnes B. 1982. T. S. Kuhn and Social Science[M]. New York: Columbia University Press: 10.

维、情绪等进行研究，并反对内省的研究方法，认为它们没有实用性。在行为主义者看来，心理学不能只研究人们看不见的心理，也要研究人的机体和行为，从而更好地控制自己的行为，这样才能更容易被人们接纳。

在这种理念的指导下，心理学转向了对有机体的观察和实验，注重研究和建立刺激-反应（stimulus-response，S-R）之间的关系并发现它们之间的规律。这样，行为主义关于知识的表征也可以通过它的 S-R 模型得以体现，即知识可以通过人们所接收到的刺激得以表征，如在学习中因为某种刺激而产生的顿悟等。这种理论对人们的学习及以后理论的发展产生了长远的影响：只要掌握刺激与反应之间的规律，就能掌控、把握和预测刺激后的反应，提前矫正自己的行为。当然，行为主义的这种研究也因忽视了人的能动性、可思维性，忽视了人与动物的区别，在当时受到了许多批评。

之后，以托尔曼（E. C. Tolman，1886—1959）、斯金纳（B. F. Skinner，1904—1990）等为代表人物的新行为主义将早期行为主义所拒绝的意识、思维、记忆等重新纳入心理学的研究，当然也保留了主要以行为为研究对象的观点。在托尔曼看来，行为是一种整体现象，而不是感觉神经段和运动神经段孤立的各自进行的反应。斯金纳则认为行为是与外界环境相关的函数性关系，这就将行为与认知主体的意识、思维都联系了起来。事实上，新行为主义心理学主要是受操作主义的影响，将心理科学体系建立在客观的实验操作基础之上，在研究中主要强调“操作分析”的方法，认为一切概念、知识都是科学家通过观察、操作、记录、运算表征的，同一事物操作测量的方式不同，就会得到不同的知识。

不论是早期的行为主义还是后来的新行为主义，它们所体现的知识表征思想在具体的方法、研究上有所区别，但都承认，依靠外界的行为刺激有机体，从而形成内在的知识表征。

二、认知心理学的知识表征观

20 世纪六七十年代，受行为主义心理学、格式塔心理学以及计算机科学等的影响，认知心理学形成并发展，大大推进并突破了以往心理学关于知识以及知识表征的观点，知识表征成为认知心理学的核心概念之一。

认知心理学关于知识如何在大脑中呈现和记载即知识表征的研究是以知识的分类为基础进行的。认知心理学家普遍承认安德森（J. R. Anderson，1947—　）的知识分类：知识可分为用于回答“世界是什么”的陈述性知识和用于回答“怎么办”等问题的程序性知识。其中，陈述性知识以命题的状态呈现并存储于人的大脑中，命题是知识的基本单元，也是人们思考的对象，命题与命题之间的联系形成命题网络，共同构成大脑中的知识，这样知识才能被快速、有效地提取并利用。而程序性知识的表征是一种发生式的表征，西蒙（H. A. Simon，1916—2001）和纽厄尔（A. Newell，1927—1992）的物理符号系统可以解释程序性知识的表征。他们通过将人脑与计算机相类比，认为人脑也和计算机一样都具有智能，而且都是“物理符号系统”，因此它们可以通过操作符号对外界信息进行加工、存储以及提取、应用从而获取信息即知识。计算机之所以能进行计算是因为提前进行了程序设定，存储了一系列“如果 A 那么 B”的编码，而程序性的知识就是由“产生条件—事件产生”的程序组成，这就解释了程序性知识的表征过程。但在现实中，知识的呈现是一个复杂的系统，通常陈述性知识和程序性知识是作为一个整体进行表征的。事实上，安德森等学者都曾提出过将陈述性知识与程序性知识作为一个整体来表征的观点。

随着神经科学的发展，到了 20 世纪 80 年代，以鲁梅哈特（D. E. Rumelhart，1942—2011）和麦克兰德（D. C. McClellend，1917—1998）为代表的联结主义者不同意关于知识表征的物理符号系统假设，提出用更接近于脑神经活动的联结主义范式研究知识的表征，认为“典型的联结主义模型是运用多个层次来处理复杂行为”[①]。他们把知识的表征过程描绘成大量简单的加工单元，各个加工单元彼此并行联结，共同形成知识网络，在这个网络中信息分布存储在各个神经单元中，每一个单元的联结并不是一一对应的，而是相互交叉、并行存在的，能灵活处理所有的运算和符号加工，一个单元发生变化，就会引起其他联结单元的变化，是整体性的活动系统。

认知心理学关于知识表征的研究，主要针对的是知识如何在大脑中形成的过程，虽然这两种研究模型对模拟知识表征过程有不同的理解，但都承认知识是认知个体经过思维、记忆、推理等过程而进行表征的。

① M. W. 艾森克, M. T. 基恩. 2004. 认知心理学[M]. 高定国, 何凌南译. 上海: 华东师范大学出版社: 16.

第二章

知识表征的内涵、分类及方式

哲学、社会学以及心理学关于知识表征的思想与研究可以体现知识表征的研究角度、视角、取向等特征，但是这些知识表征的思想都是在认知之外的，是在对哲学本体论、认知论或者科学知识等相关问题进行争论与辩护中所提出并体现出来的，没有真正从知识表征的内在产生过程及机制方面给予探讨和研究，也因此在知识表征的概念、特征以及分类等本质问题方面没有专门研究。认知科学的产生与发展，将“知识表征”一词带到人们的视野，且其成为该学科的核心问题之一。在对知识表征的相关问题进行研究之前，对“知识表征”一词的概念起源、内涵、特征、分类等基本问题进行考察说明是必要的。

第一节　知识表征的概念起源

知识得以表征，人类知识才得以表达，文化才得以传承和发展。因此，作为一种认知表征的形式，知识表征在认知科学的发展、社会文化的延展以及科学知识的积累与传承中有重要意义。但我们在相关文献或书籍资料中，经常会接触类似于表征、心理表征、科学表征、内在表征等相关术语，那么这种区别仅仅是字面上的差别还是侧重点不同？它们与知识表征之间有怎样的关系？在知识表征的理解和研究中，有必要对相关相似的概念进行研究和比较。

一、表征的概念起源

“表征一词的英语形式为 representation 或 to represent，是从拉丁词 repraesentatio 和 repraesentare 演变并经古法语转化过来的。”① “《牛津拉丁语词典》给出了这个词的三种意义：（1）现款支付；（2）将某物呈现于心灵的行动；（3）艺术中的想象或表达。‘将某物呈现于心灵的行动’和‘艺术中的想象或表达’具有再表现某物的意义”②，与现在的英语词典中的解释相似。现在的英语词典对 represent 或 representation 的解释有代表、相当于、体现、象征、表达等，基本上都是围绕着“再现”或“替代”的语义进行研究的。因此，关于表征的概念，可以分为狭义和广义两种，狭义的表征从认知方面讲是“在感觉和知觉的基础上所形成的具有一定概括性的感性形象。通过对记忆中保存的感觉和知觉的回忆或改造而成。感性认识的高级形式是对客观世界的直接感知过渡到抽象思维的一个中间环节”③。而广义的表征则是指“某物的呈现”，这种呈现既包括内容，如人类的知识、语言、艺术能否“准确呈现”世界的真实面貌（真理、本质）的问题，又包括呈现的方式，如词语、句子、思想或图表等，以及它们之间的复杂关系。因此，鉴于“表征”一词所具有的功能，其在文化、文学、认知等众多领域都得到研究和运用，表征不只是一个理论术语，还是一个涵盖了哲学、政治、历史、文学、文化、社会学等学科领域的系统理论，具体包括以下方面。

（一）表征是实现人的认知的呈现方式

认知科学对表征的定义也是基于 represent 一词的含义得出的，认为表征是关于信息的加工、存储和表达的结构，并通过信息的存储、变化等实现知识的表征和认知的目的。表征问题是认知科学中的核心问题，表征的研究几乎渗透在认知科学中的所有领域，可以说，认知科学也是关于心智表征的科学。然而，作为一门新兴的学科，认知科学内仍有许多问题还没有形成定论和固定的研究范式，仍存在许多争论。其中，1999 年 8 月在澳大利亚的悉尼大学召开的“心灵表征的新理论”高峰论坛就针对表征问题进行了讨论。卡明斯（R. A. Cummins）就表征的本质和构成方面认为，“表征是同构（isomorphism）或结构共享（structure-sharing），

① Lagerlund H. 2004. Mental representation in medieval philosophy[EB/OL]. http://plato.stanford.edu/entries/representation-medieval/[2015-5-10].

② 魏屹东. 2012. 表征概念的起源、理论演变及本质特征[J]. 哲学分析, 3(3): 98.

③ 万中航, 马培, 孔美正, 等. 2003. 哲学小辞典[M]. 上海: 上海辞书出版社: 34.

同构是基于相似性的表征；如果表征 R 与其内容 Y 同构，它就是表征，不管它是否表征了真实事物；表征行为由表征和目标构成；表征力包括表征、应用表征于目标、对应用的态度和态度决定的知识结构”①。史密斯（B. C. Smith）则持不同观点，主张表征的同构性仅是一种静态的表征观，事实上，表征行为的产生使对外在事物的认知成为可能，任何对外在事物的认知行为都是表征行为，这种认知过程必须说明它与产生行为的结构之间的关系，因此，认知是语境依赖的，具有情境性。这两种表征观的争论代表了整个认知科学中的表征观，即围绕表征是否与身体、环境、感受性有关或关系强弱而形成的不同观点。

认知科学发展的初期，物理符号模型和联结主义模型在解释认知产生的过程中，以计算机隐喻为基础，通过表征和计算解释认知过程，表征在其中起着对信息的加工、替代和再现的作用，而不涉及作为认知主体的主观性方面即感受性和认知情境、身体等要素，因此“认知被理解为脱离环境的、仅仅具有内容的心智表征的计算活动”②。这一时期，“由于表征的经典观念不考虑表征的意向性（intentionality）意义，使得在认知科学中，人这种智能体（agent）一直被视为类似于计算机这类信息加工装置，这严重忽略了人作为一个‘活的’（ living）生物表现出的最根本的东西，即个体的感受性（qualia）或主观的方面”③，也忽视了主体的身体、环境等因素，这就会导致人的认知及其意义无法得到完全的理解和表达。随着后来具身认知、情境认知、延展认知以及动力主义的发展，这种观点逐渐被弱化或否定，将认知的产生视为语境化的、非线性的发展过程，是认知主体与身体、环境等相互作用下涌现出来的结果，具有突现性、生成性等特征。更有甚者，以西伦（E. Thelen，1941—2004）等为代表的动力主义者直接宣称，“我们根本无须建立表征，在智能系统的建构中，表征是完全错误的抽象单元”④。

此外，丹尼特（D. Dennett，1942— ）的显表征与潜表征、普特南（H. W. Putnam，1926—2016）对窄内容表征与宽内容表征的划分、强表征主义与弱表征主义，以及关于表征的还原性与非还原性的理论也都涉及了感受性、情境性等因素，使表征功能的研究不再是单纯的信息加工，认知过程中加入了人的生活体验、意向性以及所处的环境因素，全面把握了认知过程。

① 魏屹东. 2012. 表征概念的起源、理论演变及本质特征[J]. 哲学分析, 3(3): 97.

② Harnish R M. 2002. Mind, Brains, Compiters: A Historial Introduction to the Foundations of Cognitive Science[M]. Malden: Blackwell Publishers Inc: 331.

③ 李恒威, 王小潞, 唐孝威. 2008. 表征、感受性和言语思维[J]. 浙江大学学报(人文社会科学版), 38(5): 27.

④ Thelen E, Smith L B. 1996. A Dynamic Systems Approach to the Development of Cognition and Action[M]. Cambridge: MIT Press: 338.

认知的表征不仅局限在大脑中，同时也是在大脑、身体、环境一系列的相互作用中完成的，认知的表征实质上是大脑神经从无意识到有意识的信息加工整合过程，还有一个“为我”的主观意识感受，这样才会使人作为认知主体的思维活动有了定向和实际的意义。“正像格林菲尔德（S. Greenfield）说的与人脑有关的最大秘密，不是执行一系列的客观任务（称出你体重的机器就可以这么做），但人脑除了思考之外，还有感觉。”[①]因此我们可以说，表征在认知的过程中是客观性的符号加工和主观性的意义表达的综合过程。

（二）表征是社会现实、社会意义的表达和再现

文学作品和文化中关于表征的研究和运用也十分广泛，已逐渐形成系统的表征理论，这主要归因于表征在一定程度上可以体现权力、意识形态、身份认同以及主体性的意义内容，是社会某些现实的展示和缩影。

表征的方法运用在文学的研究中屡见不鲜，最初，表征在文学中是以文字、语言或图像等符号形式表达或再现现实世界（既包括直观的社会生活等，又包括抽象但真实存在的情感、精神或艺术等）的方式，即语言符号的意义来自并且取决于其再现的对象，语言是再现人类思想和经验的媒介或工具，这种表征观体现了一种“反映论”或“模仿说”。但随着语言学的转向，这种观点被表征的“符号论”所替代。

符号论将文学视为通过语言符号意义的生产所构建的一个与现实社会相仿的文本世界，并赋予其意义与文化，体现了表征的语言学转向，是一种“符号说”。这种观点认为“人们再不可能完全把现实看作某种‘外在的’东西，仅仅看作是由语言反映出来的事物的固定秩序。按照这种设想，词和物之间有一种自然的结合，在这两个领域之间有一套给定的对应。……如果像索绪尔曾经论证的那样，符号和所指对象之间的关系是一种任意的关系，那么任何一种关于知识的‘对应’（笔者注：符合或再现）理论怎么能站得住呢？现实不是被语言反映出来，而是由语言产生出来”[②]。这就在实质上否定了现实事物本身所具有的意义和思想，认为社会的意义是语言所赋予和构建的，语言是现实的再现，当然这种观点既有合理性也有其危险性。

---

① S. 格林菲尔德. 2004. 大脑的故事——打开我们情感、记忆、观念和欲望的内在世界[M]. 黄瑛译. 上海：上海科学普及出版社: 104.

② T. 伊格尔顿. 2006. 当代西方文艺理论[M]. 王逢振译. 南京：江苏教育出版社: 104-105.

但随着后现代主义的渗透和全球化的发展，传统再现的观点以及语言的再现功能遭到质疑和批判，导致了关于文化表征的研究。事实上，文化表征在现实社会中已呈现出一种多元化的发展态势，并且研究范围也不断扩大，包括性别、民族、殖民主义与后殖民主义、大众文化、身份政治学、文化机构等，也产生了初步的理论成果。其中，斯图亚特·霍尔（Stuart Hall，1932—2014）就是通过后殖民理论的研究得出了著名的“文化表征理论”。他将政治、权力、族裔文化等都看作社会文化的表征和社会的缩影，是不同角度的表征，并反映深刻的社会意义的理论。

在文化表征理论看来，事物的本身并没有意义，人们所接收到的意义是一种文化的赋予和再现。例如，世界上的不同建筑和旅游名胜之所以盛名，就是因为那些建筑物背后所承载的文化底蕴或历史故事，使这些建筑物不同于其他。同时，文化表征并不是对社会现实完美的临摹或复制，而是通过特定符号展开的想象和进行意义的表达。例如，文学作品、影视作品就是通过文化符号表达、再现社会现实。当然，这种文化的表达也会潜藏话语、权力、意识形态、价值观念等，以此规范、指引或限制人们的方向和认识。总之，从某种意义上讲，文化表征再现的是人类现实生活的系统，世界和人生的意义就是在这个再现系统中产生出来的。因此，文化的表征应被视为与经济和政治的发展进程一样的社会现实的组成部分。

二、认知表征的研究

从认知角度研究表征是认知科学的一个核心问题，关于这方面的研究也正如火如荼地进行。事实上，从认知的角度对表征进行研究早在哲学产生初期就已出现。最早在哲学上使用 representation 一词的是昆体良（M. F. Quintillian，约 35—约 100）和德尔图良（Tertullian，150—230）。后来，经过思想家阿维森纳（Avicenna，980—1037）的翻译，representation（表征）一词才与认知、心灵或心智相结合，并用于认知的研究中。阿维森纳用几个与认知和内在意识相关的阿拉伯语术语来描述拉丁词 repraesentatio，这样，就潜在地形成了关于心灵的表征的概念。在他的翻译中，表征与五种官能有关：常识、想象力、思维能力、理智和判断力。其中，通过常识接收并存储的各种形式就是表征，想象力和思维能力用来连接或划分在“心像”（phantasia）中收集起来的表征，并产生新的表征（新的表征可能没有与之相对应的实体，仍是一种感觉），理智用于思考察觉到的对象的合理形式，判断力则用于区分察觉到的事物。

不仅如此，阿维森纳还认为，想象力中的表征是智能行为的基础。那么，想象中的特殊事物的表征如何在智能中变为普遍性的东西？事实上，普遍形式是从想象的表征中抽象出来的，并从能动的智能流入被动的智能中。但当时，阿维森纳并没有将表征和智能联系在一起。

到了十三四世纪，即中世纪时期，表征理论在当时得到很大的发展，这主要源于当时神学的兴盛，使上帝、心灵处于中心和至高的地位，于是在探讨人类智力或知识的产生中，就会相应地产生对表征问题的关注。英国当代哲学家金（P. King）就将中世纪哲学家的表征理论概括为四种："表征和被表征的事物有相同的形式（R1）；表征与被表征的事物类似或相像（R2）；表征由被表征的事物引起（R3）；表征意指被表征的事物（R4）。"[①]这些理论成为现代认知科学的思想基础。

其中，托马斯·阿奎那（Thomas Aquinas，约 1225—1274）关于表征的正形观点（conformality view）就体现了 R1 的表征观，即之所以用表征表示客体，是因为它们与客体有相同的形式。事实上这种思想最初可以追溯到亚里士多德，在他看来，表征的客体与被表征的客体具有相同的形式是表征能成为主客体之间中介的原因。当然，关于这种观点也存在许多争论，其中一个著名问题是：为什么思想之外的水仙花和我思想中的水仙花不同？由于心理表征具有对称性，因此，无论是思想中还是思想之外，关于水仙花的形式应该是一样的。关于这一问题，阿奎那有一个出色的回答：花园中的水仙花之所以和想象中的不同，是因为它们存在的形式不同，是同一事物的两种不同存在形式。无论思想中关于水仙花的普遍形式是精神上的还是有意识的存在，水仙花的形式都真实地存在着，即心中的事物并不必以与实际中的事物相同的方式存在。可见，客体形式是真实的存在还是意象上的存在是阿奎那认知理论的核心。

R2 是表征的相似性理论，即表征与表征的对象相似。因此，心灵表征是由于与表征对象相似才得以被表征的——相似性是表征的基础。这种相似性包括表征与表征对象之间在属性等方面的相似性，更为甚者，可以说表征与其对象之间是一种一一对应的关系，就像其中的图像表征观所认为的那样，图像就是根据相

① King P. 2007 . Rethinking Representation in the Middle Ages: A Vade-Mecum to Medieval Theories of Mental Representation[M]. London: Ashgate Publishing Limited: 81-100.

似性对事物进行一一展示，当然这种相似性并非要有临摹的效果，某种程度上图像无须看上去像它要表征的客体。比如以设计图表征建筑物，但它肯定不像这个建筑物。这种表征的相似性观点在一定程度上体现了表征的特性，因此在中世纪的哲学中居于重要地位，并得到了当时哲学家的肯定。现代认知科学对表征的相似性也有许多研究，主要集中在利用相似性对概念和客体进行分类并定义，通过“以相似性为基础的分类方法，为概念的发展和客体的分类提供了一个很有前景的解释”[①]。不仅如此，戈德斯通（S. Goldstone，1958— ）也将事物之间的相似性视为提取相关记忆信息、解决相关问题的重要手段。总之，表征的相似性是认知理论的重要部分。

遗憾的是，相似理论并没有彻底清楚地解释表征的机制，因为在相似的构成以及表征与对象之间的转换机制方面没有解释清楚，“如奥卡姆认为图相似不能说明不同人的思想，因为不同人的表征有差别，表征应该有多种方式”[②]。因此，到了 14 世纪，奥卡姆（Ockham，约 1285—1349）率先提出了心理语言理论，其是基于心理表征理论产生的，结合了原因和意义的概念。根据这一观点，概念或心理学术语由客体事物有效引起而得以表征，它们之间是一种因果关系，对象和概念是协变的，这就是中世纪的协变理论（R3），这一理论的提出，改变了中世纪表征理论的进程。“协变理论主张如果表征由它表征的客体引起，它就表征了那个客体，这就意味着客体和表征是协变的。因此，在客体和表征中，一个变化，另一个也跟着变化。”[③]

奥卡姆的思想事实上体现了一种形而上学思想，在他看来，世界仅由个体组成，当认知个体心里形成一个概念时，就会产生一种个体的观念和单称概念，除此之外，任何东西（除了上帝）都不会产生概念。同时，多个个体观念（单称概念）也可以根据需要彼此组合成较为复杂的概念或命题。总之，奥卡姆关于概念和心理表征的理论是一种复杂的理论，它既是一种理论意义，同时也具有一系列逻辑语义等属性，解释了概念如何组成心理学的句子来描述世界。

同 R3 的理论相关，R4 理论也认为通过语言的媒介作用，可以代替要表征的客体，这种观点在当时已经取代了 R1 和 R2 的表征观，成为十五六世纪的主流思想。可见，表征的认知理论，在哲学产生之初就隐约体现，之后，在中世纪时

① Sloutsky V M. 2003 . The role of similarity in the development of categorization[J]. Trend in Cognitive Sciences, 7(6): 247.

② 魏屹东. 2012. 表征概念的起源、理论演变及本质特征[J]. 哲学分析, 3(3): 103.

③ 魏屹东. 2012. 表征概念的起源、理论演变及本质特征[J]. 哲学分析, 3(3): 103.

期得到空前的发展，并向完善的趋势发展，对当代的表征理论有重要影响。

三、知识表征的内涵

由于表征，认知者才会形成关于外部经验世界的内心表象，但只有这种内心表象得以表达、展现，认知才能得以表达。因此，知识表征就是关于知识如何展现的研究。那什么是知识表征呢？到目前为止还没有统一的界定。曼德勒（G. Mandler）在对表征的解释中，涉及了知识的表征，认为“表征可以作为知识和知识的组织方式来使用，知识是以心理结构或认知结构的形式存储在大脑中的”[①]，在这里，他将知识表征等同于表征，主要侧重知识在大脑中的结构呈现。认知心理学一直以来都将知识表征视为知识在个体主观世界的表征和象征方式；还有一些学者认为知识表征是指人的工作记忆和长时记忆中的信息的表示方式。总体而言，这些定义仍侧重的是知识表征的内在结构，没有涵盖最终的外在表现方式。

（一）知识表征与其他认知表征形式的关系

通过以往关于知识表征的概念可知，知识表征的概念与表征、心理表征等其他认知表征之间的界限往往并不明确，甚至在很多时候都被混淆使用；不仅如此，关于知识表征的定义也并不是很具体和全面。因此，为了更清晰地了解知识表征的含义，有必要结合其他几种认知表征进行研究，这样我们才能通过比较更明确地把握知识表征的含义和特征。

心理表征（mental representation）通常是认知心理学中使用的概念，一般来讲，表征和心理表征没有细致的区分。“按照维基百科的解释，心理表征是假设的表征外部现实的内在认知符号；按照经典表征理论，心理表征是客体所表征状态的意象；现代表征理论认为心理表征系统构成了内在的思维语言。”[②]因此，心理表征是对外在世界的主观映像，它以现实表征为基础，是一种概念化的存在；我国的心理学家张春兴教授在《张氏心理学辞典》中对表征和心理表征的含义进行了描述，认为表征有三种含义：其一，按精神分析论，个体以象征的活动（如动作、语言、制作等）代表某种对象物，或代表潜意识中压抑的冲动的历程，称

① Mandler G. 1985. Cognitive Psychology: An Essay in Cognitive Science[M].London: Psychology Press: 8.
② 王永红. 2013. 心理表征和原型实例的结构性审视[J]. 中南大学学报（社会科学版），19（3）: 234.

为表征。其二，在一般心理学上，表征是指将外在现实世界转换为心理事件的历程。例如，红花绿叶是现实世界中的客观存在，个人通过颜色、形状等视觉观察进而在头脑中形成"红花"与"绿叶"的概念和认知，这种以概念代表实物的过程就是表征。其三，意同心理表征（mental representation）（心理表征一方面指将现实事物符号化或抽象化的心理过程，另一方面属于认知心理学中的术语，指信息处理过程中的一个重要步骤）。

因此，同知识表征相比，首先，心理表征是一种内在表征，而知识表征包括了内在的表征和表征载体形式，涵盖了信息在大脑中如何再现，以及通过何种方式将心理表征展示出来的整个过程。其次，心理表征是抽象的，而知识表征是直观的，比如，关于"狗"，心理表征是四条腿、一条尾巴、会看门等心理意象，其余的特征是缺失的，但这些缺失的特征却可以通过文字、图像、符号等直观形式表现出来。因此，心理表征是知识表征的前期阶段和基础，知识表征是心理表征的外在实现。最后，并不是所有的心理表征都可以转化为知识表征，知识表征涉及的是心灵对外在客观事物的正确再现。

科学表征（scientific representation）则主要是科学哲学中的概念，是科学研究中的表征，科学表征的主体是科学家。科学表征是指为了获得科学认知，科学家运用合适的研究工具，如模型、符号、数学语言等展示、表达客观世界的某些方面。近些年来，科学史、科学哲学、科学知识社会学等学科对科学表征的相关研究较多。知识是一个宽泛的概念，包括科学知识，而科学表征的研究主要就是科学知识的表征的研究，因此，科学知识的表征可以作为知识表征研究中的一部分，或者说，属于知识表征研究中的一个研究领域。

在认知世界的过程中，客观世界的认知和表征是如何存在，并且是以何种形式存储于大脑的呢？是以各个组成部分的特征形式还是未经任何加工处理的描述形式在大脑中展现的？这是认知心理学家所感兴趣的问题，也即涉及了概念表征（representation of concept）的相关研究，事实上，在知识表征前期，信息是以概念的形式存储的，即概念的表征。概念的表征是作为人类记忆的部分存储在大脑中的，在知识表征中，一旦涉及相应的概念，概念就会被激活并呈现合适的模型，如语义网模型、特征比较模型以及联结主义模型等，这些概念模型通过不同概念的链接、聚合等方式组织而成，从而完成知识的表征。因此，概念表征是知识表征的前期阶段或组成部分，在某种程度上，心理表征可以等同于概念表征。

（二）知识表征概念的界定

通过分析论述可知，知识表征与其他认知表征相比较，既有相同的地方，又有自身的特征，戴维斯（R. Davis）等在关于知识表征的研究中，就概括了知识表征的特征①：

> （1）知识表征最基本的意义就是替代（stand-in），它是表达事物本身的一个替代，通过思维而不是行动确定一个实体，比如，通过推理而不是对它采取行动。
>
> （2）它是一套本体论承诺，比如我们用什么术语来思考世界。
>
> （3）它是智能推理的一个组合理论，通过三个组分来表达：表征的智能推理基本概念、表征支持的一套推论和它依托的一套推论。
>
> （4）它是独立有效计算的一个中介，比如思维得以完成的计算环境。
>
> （5）它是人表达的一个中介，比如我们关于这个世界的语言。

据此可知，知识表征的研究既应该包括内部知识表征，即认知心理学所侧重的对知识在大脑中的心智结构、认知结构、存储方式等进行研究，并借助人工智能对内部的信息进行表征、计算、建立模型；同时又包括对知识的可视化表征即知识表征的外部方式进行研究。外部表征是内部表征的具体体现，是对内部难以描述的思维通过容易展示、交流的文字、图像等方式呈现出来。

因此，知识表征可以被定义为：知识表征是认知主体的心灵与世界的相互作用在大脑中的正确再现，并通过符号、文字、图像等直观的载体表征出来的认知表征。这种界定既包括了信息在大脑中建构和再现的方式，又包括了知识外在的显示方式，体现了知识表征的整个过程。

第二节　知识表征的分类

知识表征的分类是建立在知识分类的基础上的，关于知识类别的划分，是个既古老又常新的话题，在古希腊时期对知识的研究过程中，就不乏对知识类别的研究和划分，如亚里士多德把知识分为“技术知识”“实用知识”“理论知识”。当然，知识的划分标准不同，知识的种类也就会不同，在当前知识爆炸的时代，

① Davis R, Shrobe H, Szolovits P. 1993. What is a knowledge representation[J]? AI Magazine, 14(1): 17-33.

知识的发展具有多样性和复杂性，知识种类的划分标准也应具有多样性，根据研究对象可以把知识分为自然科学知识和人文社会知识，根据知识的确定性又可分为必然知识与或然知识，等等。

对知识进行分类有利于更明确、更深层次地对知识的特征进行明确的把握。就知识表征的分类而言，我们可以根据知识的内容划分相应的知识表征。在这里，我们主要考虑知识表征的认知特性，结合认知主体、表征的特点以及知识的内容对知识表征进行划分。

一、陈述性知识表征与程序性知识表征

这是认知心理学对知识的划分。20 世纪 40 年代末，赖尔（G. Ryle ，1900—1976）首先将知识分为“知道什么”和“知道如何”两种知识类型，即命题知识和行为知识。但由于当时行为主义盛行，这没有引起人们的关注，随着后来行为主义的衰落以及认知心理学的兴盛，其才引起了关于知识本质的心理学革命。于是心理学家安德森在赖尔关于知识划分的基础上，将知识分为陈述性知识和程序性知识两类。陈述性知识主要指诸如概念、命题、理论等陈述性的问题，用于回答“是什么”“为什么”等性质的问题；程序性知识是指诸如事情如何做的具有操作性的实践性知识。

不仅如此，当代认知心理学还宣称，如果不对知识的产生过程进行研究，就无法对知识的本质进行研究。以往的哲学认识论在对知识本质的探讨中，就缺乏从认知的角度对知识在大脑中的形态进行研究。为了弥补这一缺陷，认知心理学试图对知识表征进行研究，探讨信息在人脑中呈现和记载的方式。

而根据知识的不同种类，它们表征的方式和本质也不相同。陈述性知识主要以命题网络或图式的方式表征，命题是最基本的知识单元，信息在头脑中的表征是以命题的形式记载的，我们通常所讲的文字、语言等只是命题的载体。当然，命题在大脑中并不只是单独存在，命题与命题之间通过共同成分的关联，可以形成命题网络，这样才有利于知识的存储和有效利用。程序性知识的表征则是由西蒙和纽厄尔提出的产生式得以表征的。他们将人脑比作像计算机一样的“物理符号系统”，通过符号的操作完成知识的表征，因为人脑中都存储有一系列诸如“如果……那么……”的知识产生准则，使认知主体可以通过计算、推理等逻辑对大脑中的信息进行表征。而计算机之所以可以像人脑一样进行计算、拥有智能，也

是由于其可以在计算机系统中存储诸如“如果……那么……”形式的编码，可以直观地模拟大脑中程序性知识的表征。而针对复杂的大的知识单元则同时包含两种知识，并利用图式这种认知框架进行表征。

二、显性知识表征与意会知识表征

这种分类是以知识是否可以编码化为信息为标准的划分。“显性知识”是可以编码化为文字、公式等信息的外显知识，“意会知识”也可称为“缄默知识”或“隐性知识”，是指不可编码为文字、图像、符号等外显形式的、只可意会不可言传的知识。1958 年，波兰尼（M. Polanyi，1891—1976）在其《人的研究》一书中提出：“人类有两种知识。通常所说的知识是用书面文字或地图、数学公式来表述的，这只是知识的一种形式。还有一种知识是不能系统表述的，例如我们有关自己行为的某种知识。如果我们将前一种知识称为显性知识的话，那么我们就可以将后一种称为意会知识。”①

显性知识和意会知识的划分与界定，还可以从知识传输性质的层面来考察，显性知识是人们通过实验、计算或判断、推理等明确的过程获得，并可以通过理性思维对其进行加强或批判的知识；意会知识则截然不同，它是通过人的直觉或感官判断等直接甚至非理性的方式得出的知识，因此，不能通过明确的演绎、推理等思维方式对其进行批判。与显性知识相比，意会知识具有以下特征：“第一，很难通过语言、文字或符号等进行逻辑的说明和清晰的表达；第二，不能以正规的形式加以传递和传播；第三，意会知识很难加以‘批判性反思’；第四，具有鲜明的文化性、情境性、层次性；第五，对人的影响既有正面的又有负面的；第六，与显性知识之间可以互相转化。”②

这两种知识的特征也可反映出两种知识的表征形式，显性知识可以通过文字、语言、图像等有形的形式表征出来，而意会知识的表征只能在头脑中进行，不能通过符号载体表达出来，属于一种心理表征。在整个知识系统中，人类往往强调并更加注重显性知识的作用与积累，事实上，意会知识更为根本，它往往以一种潜在的、内隐的方式在知识体系中占据更大的比例，并且在人际交往与沟通中潜移默化地引导人们，发挥至关重要的作用。因此，意会知识才在人

① Polanyi M. 1958. The Study of Man[M]. Chicago: The University of Chicago Press: 12.
② Polanyi M. 1958. The Study of Man[M]. Chicago: The University of Chicago Press: 16.

的认识活动中起着主导性作用，它在大脑中的存在与暗示是人们获得显性知识的向导。

三、个体知识表征与社会知识表征

按照认识活动进行的主体，可以将知识分为个体知识和社会知识，与此相对应的就是个体知识表征与社会知识表征。

传统的知识表征不论是认知科学还是哲学都是从个体的角度来研究的，并且在对知识的研究中追求与实在相符合的、确定无误的真理性知识。这种知识在表征过程中，要避免并去掉一切与个人的目的、意志、兴趣有关的主观因素，注重个体心灵，忽视知识生产的共同体、社会、历史等因素。

社会知识的表征则是将环境、社会，甚至一些非理性因素纳入知识的表征过程中，不仅如此，在知识的表征中，认知主体并非单独地从事研究，而是作为认知共同体中的一员在某个团体中从事研究；甚至在某种程度上讲，知识表征的对象和结果都是社会的建构，具有社会性。

第三节　知识表征的形式

知识的表征主要由知识在大脑中的呈现和知识的外在表达两部分构成，即由内部表征和外部表征组成，由此，知识表征的形式也分为知识的外在表征形式和知识的内在表征形式。

一、知识的外在表征形式

知识表征的外显方式是知识在大脑中存储和呈现方式的载体，是一种直观的展示方式。通过外显方式的展示，大家才能了解知识的内容，知识才能被习得和传承。鉴于知识表征的内容、性质不同，知识表征的外显方式也不相同。

1. 文字

文字是最常见、最普遍的知识表征的视觉形式，能够对知识进行记载、记录，是知识表征的主要表征形式。

2. 语言

语言的使用也是表征知识的一种形式，人们之间可以通过交流与沟通获得信息和知识，如老师的授课、音乐知识的传播都是通过语言完成的。随着现代社会计算机的诞生，计算机指令作为一种特殊的语言，也越来越成为知识表征与交流的重要形式。

3. 图像、图表

与文字、语言形式相比，图像与图表虽然不是广泛普遍的形式，但却是文字表征的补充，在一些知识的表达中是必需的，能一目了然地看清楚，因此具有直观性，如地图。并且，对一些特殊的知识而言，图像是必需且主要的表征形式，如美术知识，无论是人物肖像还是风景建筑都必须依靠图像的直观表达，这是其他形式无法替代的。

4. 符号

在知识表征中，符号的运用在有些时候可以代替文字，它可以简单、明确而又很直观地表达大脑中的信息，如最常用的“¥”代表金钱、“❤”代表爱等数不胜数。而在一些学科的知识表征中，符号是最常用且最主要的表征形式，例如，化学中 H、O、N 等元素符号的使用，数学中最常见的+、–、√，音乐知识中的五线谱，等等。

5. 方程式、公式等

方程式、公式在数学、物理、化学知识的表征中有着至关重要的作用。例如，化学方程式可以表示不同物质之间的化学反应，是对客观事实的反映。它不仅可以一目了然地表明反应物、生成物和反应条件，还可以表明各反应物、生成物等物质之间的量的关系，可见，一个方式可以表达多种知识信息。

这些外在的表达方式在知识表征中各具特色和功能，它们之间不可替代，在知识表征中往往综合使用、共同发挥作用，有效、明确地发挥着表达大脑中的信息与知识的作用。

二、知识的内在表征形式

（一）命题符号理论的知识表征方式

知识表征的内在呈现，是信息在头脑中的呈现方式，也是表征所具有的实际内容。根据信息加工范式的观点，信息在大脑中的呈现经过了输入、编码、转换、存储和提取等过程，最终以诸如概念、命题、表象、图式、产生式、语义网络、生成规则及其他类型的知识和结构呈现。

1. 概念

概念是知识表征中最简单的形式，体现事物的基本属性和特征，概念=属+种差，这就使概念之间有了明确的区分。

信息在头脑中的表征往往不是由单个概念构成的，而是由概念体系或概念网络构成的，通过概念之间的复合构成形成一个完备的语言体系，整个概念体系几乎接近于自然语言的知识体系，可以模拟知识的呈现。当然，这种概念体系并不是杂乱无序的存在，概念之间互相联系，同时又可以根据概念的语义或语义的特征体现为一定的层次关系，这就在大脑中构成了一种语义层次的网络组织。由此我们知道，信息在大脑中的呈现可以类比为概念网络，以此最终实现知识的表征。

概念网络的模型通过对概念的组织可以模拟人的思维世界，从概念网络中可以反映出概念的语义分析以及概念之间的各种关系，因此，作为意义的基本单元，概念网络是一个清晰的关于知识的框架表达体系。

2. 命题

概念是最小的信息表征单元，命题则是意义或观念的最小单元，通常由两个或两个以上有内在联系的概念组成，用来描述一种事实或状态，因此，一个命题等同于一个观点。命题的组成可以表示为：命题=关系项+主项。主项可以是一个或多个，而关系项只能是一个，限制着主项，它们共同构成一个有组织、有关系的信息集合。举个例子，“苹果和香蕉”就不是命题，仅是对两种事物的表述；而“苹果与香蕉都是水果”则是命题，因为它描述了一个客观事实。在这里值得注意的是，命题是用句子表述的，但命题和句子并不相同，命题是以句子的形式表达一种观念，句子是一种方式，通常我们所说的大脑中存储的信息是一种观念的存储而非句子，因此认知主体大脑中的信息是以命题的形式存储的。

通常，命题知识在大脑中并非孤立地存在，而是以围绕某一主题的一系列命题所构成的命题网络的形式存储在大脑中。命题网络的形成，不仅可以体现命题之间的关系，促进推论，还可以避免事物之间的共性重复存储于具体的事物之中，节约存储空间。

需要注意的是，命题适用于表征较小的意义单元，但人的认知中含有复杂知识，会涉及大的知识单元，这种情况下命题是不适合的，需要借助图式的表征形式。

3. 表象

在知识表征中，有一些知识能以概念、命题的方式表征，但也有一些知识如空间、图像等非言语思维活动的知识，或者认知主体所回忆的知识，这些信息不能通过概念或命题表征，只能借助表象的方式得以呈现。

表象也是对过去感知事物的再现，但同概念、命题相比，它所涵盖的信息更广，既可以指视觉信息（如颜色、大小等），又包括空间信息（如排列位置等）。因此在认知心理学中，"表象既指人脑中的形象或图像这种相对特殊的心理活动，也指在人脑中积极进行回忆或对空间关系表征的非言语思维活动"①。例如，当我们在进行某种实验操作时，大脑便会回忆具体的操作程序，或者回忆某种物质的形象、颜色等。

因此，在笔者看来，表象的形成是通过表象编码或表象扫描实现的。当认知主体看到某外部事物时，大脑可以对事物的外部形象、地理位置等信息进行编码（主要有转喻、类推、替代、浓缩等形式），从而形成相关事物的直观表象，进而唤醒其相应的概念、命题等信息，综合所有的表象信息，便可以形成对该事物特征的认知。同时，这些知识或经验又可以转化成记忆代码存储于大脑中，在需要时激活。

4. 图式

"图式"一词最早源于康德，后来才在认知心理学中得到运用，美国人工智能专家、认知心理学家鲁梅哈特指出，"图式蕴含着个体所具有的背景知识内容，从个人意识到对文化现象的了解，甚至小到一个字母、单词，人们的图式系统包含了个体经验的各个方面，图式是人们总的知识载体"②。

① K. M. 加洛蒂. 2005. 认知心理学[M]. 吴国宏，林欧文，周嫣，等译. 西安：陕西师范大学出版社：201.

② Rumelhart D E. 1980. Schema: the building blocks of cognition[A]//Theoretical Issues in Reading Comprehension[C]. Hillsdale: Lawrence Erlbaum Associates: 33-58.

由此，图式所涵盖的内容更加广泛，除了最基本的概念、命题以及表象等静态的表征形式，还包含产生式系统等程序性表征形式，甚至还可能包含更小的图式，它们共同形成有组织的知识结构，是大脑对某个范畴内的事物的所有相关内容抽象总结的结果。在大的知识单元的表征过程中，当新信息进入大脑时，会在大脑中形成该事物及其周边环境、特征、程序等的一系列相关的综合信息，共同构成该事物的图式存储于大脑中。例如，当我们看到“学校”这个词汇时，大脑中就会形成关于学校的可供人们上学的场所、地理位置等信息，也会包含关于学校的形状、面积大小、环境等表象内容，从而形成关于“学校”的相关图式。当然，除了物体图式，还有事件图式、功能图式、动作图式等多种图式。

作为一种组织知识的认知结构，图式不仅影响着个体大脑对相关信息的加工，同时还可以依靠现有的图式激活与之相关联的图式，进行知识的推论。例如当我们看到“学校”一词时，脑海中会调出关于学校的物体图式，也会浮现关于学校的特征、性质、功能等的相关信息。因此，大脑中储备的图式知识越多，越有利于构建新的图式、习得新知识并进行知识的推论。

5. 产生式

上述几种表征方式是常见的形式，也是信息加工范式所认为的陈述性知识表征的方式，但在我们所处的现实中多数知识都是程序性的，还有许多是关于顺序的知识，如日期、字母表等，这些程序性的知识在头脑中的表征方式依赖诸如if/then的产生式方式实现。在表征程序中，“程序通过比较和排列每个字母的数字计算密码将条目整理为字母化的顺序，例如‘A排在B之前’所表征的是按照字母顺序排列的知识，而不是这个知识本身”[①]。这样，程序性的表征方式可以简捷、快速地表征知识。不仅如此，现实中大多数的知识系统都需要一连串的活动，这就需要多个产生式构成大的系统共同完成。

（二）知觉符号论的知识表征方式

以上关于知识表征的方式是命题符号理论的观点，这种观点认为，“认知的构成材料是命题，然后形成命题网络，随着对命题的不同操作或操作次数的增加，命题网络会不断更新，所以它的容量无限，解释力很强”[②]。这也是认知科学关

① Barr A, Feigenbaum E A. 1982. The Handbook of Artificial Intelligence. Vol I[M]. Stanford: William Kaufmann Inc: 172.

② Newell A, Simon H A. 1972. Human Problem Solving[M]. Englewood Cliffs: Prentice Hall: 5.

于知识表征的主流观点，对理解知识表征确实有重要作用。但命题符号只是认知科学家的理想研究模型，并不能证明确实存在于人脑；同时有些知识通过命题符号得不到表征，譬如归类知识；此外，这种表征方式的理论还受到神经科学的挑战，因为它在解释符号如何在认知系统中产生时表现得力不从心，面临这些问题，巴萨卢（L. W. Barsalou）提出了关于知识表征方式的新的研究理论——知觉符号理论（perceptual symbol theory）。

知觉符号理论主张，认知在本质上是有知觉的，知觉同神经系统一样拥有其自身的认知系统，认知主体在与外界事物互动的过程中，会受外来刺激的影响并产生知觉状态，这种知觉状态既可以是有意识选择的状态，也可以是在外界事物的影响下无意识产生的，而一旦产生知觉状态，便会相应地产生关于外界事物的知觉信息，这些知觉信息中的一部分会被存储起来，在符号操作的过程中会被重新利用，从而在大脑中形成认知表征。因此知觉与认知相关，知觉可以产生认知，依靠知觉产生的知识是以知觉符号的方式表征的，知觉符号是认知的构成材料。同时，知觉符号的模式性与类似性使得知觉符号理论与命题符号理论可以根据内在符号与外在物体原型的关系区分开来。

在命题符号系统理论看来，“内在符号与外在物体之间的关系是任意的（arbitrary）、类语言学的（linguistic-like），而知觉符号系统理论则认为两者间的关系是类似的（analogue）、知觉的（perceptual）”①。对于同一事物，命题符号理论主张的表征方式是关于这个事物的任何方面的，而知觉符号理论所表征的知觉符号与事物无论在外形还是结构上都是一致的、对应的，原物发生位置、状态等变化，知觉符号也会随之而发生变化，但命题符号理论则不会。可见，知觉符号关于事物的表征是由关于该事物各种性质、状态的知觉符号联结而成的知觉符号系统完成的，这种表征系统的组成过程几乎就是对事物仿真的过程，因此，知觉符号系统也被称为仿真器。

关于知识的表征方式，目前有命题符号理论与知觉符号理论两种观点，尽管知觉符号理论是为了驳斥前者而提出的，是关于人们如何使外在事物的观点进入大脑中的研究，对当前神经科学、人工智能等有重要作用；但命题符号理论的表征方式却很难驳斥，“由于命题网络通过对命题的操作次数的增加而不断增强，命题或者操作的数目在理论上也是没有限制的，所以命题符号理论拥有极强的解释

① Barasalo L W. 1999. Perceptual symbol system[J]. Behavioral and Brain Sciences, (22): 577-660.

力，它甚至可以解释知觉符号理论所解释的任何现象”[①]。随着知识表征研究的进一步深入和扩展，对知识的表征方式也要不断探索，并需要进一步验证和充实。

通过对知识表征的概念、内涵等基本内容的介绍，我们知道，知识表征的研究可以丰富认知科学的理论内容，使人了解神秘的大脑世界，同时也对人们的现实交流、思想表达、文化传播与传承方面有重要的功能与意义。其中，在知识表征的分类中，个体知识表征可以包括陈述性知识表征与程序性知识表征，也能涵盖显性知识表征与意会知识表征，社会知识表征也是如此，包含了其他划分类别中的内容。并且，这种划分还可以体现知识表征的发展变化趋势。因此，在接下来的章节中，本书主要围绕个体知识表征与社会知识表征的相关内容、特征、争论、演变趋势等进行全面探索与研究。

① 王瑞明，莫雷. 2010. 知觉符号理论刍议[J]. 华东师范大学学报(教育科学版)，28(1)：40.

第三章 个体知识及其表征

纵观知识表征的历史，涉及的因素有很多，其中最具争议的是，知识表征是认知主体单纯的内在心理活动，还是认知主体与周围环境相互作用的结果。针对这个争议也因此形成两种观点，最初的观点主张知识的表征是认知主体内在的心智活动和心理状态，与外在环境无关，即周围的社会环境对知识的呈现与表征不具有决定性的意义，这种观点被称作知识表征的内在论（internalism）观点，也可称作个体主义或窄内容（narrow content）的知识表征；另一种观点则主张认知主体所处的环境等社会因素会影响信息在认知主体大脑中的呈现，最终影响知识表征的内容，这种观点可称为外在论（externalism）观点，或外在主义，也可称作宽内容（wide content）的知识表征。

无论是传统哲学关于知识表征的研究还是认知科学前期对知识如何表征的认识机制的研究，自知识表征研究伊始，其都是以个体性示众的，主要关注知识如何在个体哲学家或科学家大脑中呈现。这是由现实社会背景以及“小科学”时期的背景决定的，这样获得的知识是个体知识，相对应的表征形式也就是个体知识的表征。毋庸置疑，个体知识表征的存在有其合理性，通过个体知识表征的研究与分析，不仅能使人们熟悉知识的来源、形成过程、表现方式，还能大大促进科学技术的进步与知识的积累。因此，对个体知识表征的本质与特征、表征机制、研究方法进行研究是必要的。

第一节　个体知识表征的本质与特征

无论是哲学界还是科学界最初在很长时间内都持内在主义、个体主义的知识表征观，将知识表征视为哲学家或科学家个体研究的结果，这种观点的产生与当时的社会背景与理论发展水平有很大关联。

一、常识心理学的地位

（一）社会的起步发展是知识表征个体性的现实原因

古希腊哲学时期，社会正处于初始状态，社会结构与社会关系比较简单，对知识的产生过程没有很深的影响。并且这个时期，人们的智力水平也比较低下，对知识的研究主要以直觉和纯思维为主，其结果也因此以直观、朴素和模糊的状态呈现。而且，当时的统治者为了巩固自己的统治，不断鼓吹知识无用论，贬低知识的功能，使知识的研究不积极、范围不广泛，知识的传播也主要以个别施教为主，例如亚里士多德的吕克昂学园、伊壁鸠鲁的花园学校。不仅如此，知识的研究还受到后来神学的鄙视和抵制，当时的社会奉行“信仰至上”，痴迷于对宗教的研究和热爱，而知识的研究是理性的，因此被视为大逆不道。到了13世纪，随着社会的发展，同时为了反对异教的入侵，人们逐渐注重从“理性”的角度关注问题，教会逐渐开始重视知识的研究与生产，知识的地位略有提高但“始终不曾拥有一个摆脱一切而全力从事的研究者，而一直是被仅仅当作通到其他事物的便道或桥梁来对待的。这个伟大的科学之母就因横来的侮辱而被贬黜到奴役的职位上”[①]。在这种社会和现实的压力下，知识不可能大规模地生产，只能是研究者个体凭借自己的兴趣对外在事物进行个体研究与思考。

知识的系统性研究后来在宗教改革与文艺复兴的影响下来临。这个时期，知识的研究不再躲在黑暗中进行，它已经赢得社会的肯定，研究者可以根据自己的兴趣对知识自由地探索、独立地思考。中世纪人们所信仰的宗教与教皇的权威在这个时期已经被以“人”为中心所取代，不仅如此，社会结构与功能较以往也更复杂和健全，物质生活水平大幅提高。因此，这个时期关于知识的表征不再是纯

① 培根. 1984. 新工具[M]. 许宝骙译. 北京：商务印书馆：69, 57-58.

思辨的研究，在一定程度上体现了社会的背景与现实因素，并且有些学科方面已有系统性的研究，并取得很大的成就。

值得注意的是，这个时期社会的发展进步、知识研究的解放和取得的进展，仅是与古代社会时期相比较而言的。在整个历史发展的长河中，这一时期的社会结构功能异质性并不强，社会分工也并不细致，同样导致了知识的研究仍然以哲学家或科学家个体的研究为主的事实，还不足以导致知识的社会化大生产。

（二）“小科学”时代的背景决定了知识表征主体的个体性

“小科学”时代最初主要指古代哲学时期与近代哲学时期，尤其是指近代哲学时期的科学发展特质。这个时期，在启蒙运动的倡导下，自然科学研究的热潮空前高涨，科学家根据自己的兴趣和热情自由地投入研究中。但由于现实社会的发展状况，科学家的研究条件、设施状况、实验设备都是自己准备的，研究对象也是针对自然界的个别现象。这种关于知识表征的研究只能是一种小范围、小规模、小投资的单纯的研究，是个体的活动与爱好，与社会大的生产需求无关。最终，科学研究成果只是科学家个体的劳动成果，是科学家个体的知识表征。

（三）科学知识的客观性限定了知识表征主体的个体性

18 世纪启蒙运动之后，“知识体系被划分为‘纯知识’（pure knowledge）和‘非纯知识’（impure knowledge）。‘纯知识’即不受社会因素影响，不受历史条件制约的客观知识或实证知识；‘非纯知识’则指受社会因素影响、历史条件制约的主观知识”[①]。在启蒙运动中这种“知识二分法”的直接后果就是将科学知识视为带有某种优越性的特殊知识，这种划分规定了科学知识的客观性，影响了以后关于科学知识的界定和研究。

兴起于 20 世纪 20 年代的逻辑实证主义通过确定科学知识的客观实证性、价值中立性等对科学知识的本性进行了系统的说明与解释，并把经验事实作为判断知识是否科学的唯一标准。这种界定及划定标准在当时乃至以后的科学发展中都有重要影响，被奉为标准的科学知识观：为了保证科学知识的客观性，在科学知识的生产过程中就应避免各种因素的“污染”，认知主体只能是个体，并且在知识的研究中要排除认知主体的个人情感，保证知识表征的结果如实反映事物的真

① 贺建芹. 2006. 从科学知识的不同解释模式看科学知识社会学的发展[J]. 山东科技大学学报(社会科学版)，8(3)：18.

实情况。因此，科学知识的表征必然是一种个体性质的知识表征形式。

当然，除了这些外在的因素以外，关于知识表征的个体性研究也有其学科固有的性质与范畴，认知科学关于知识表征的研究是从神经科学、心理学等学科对个体的认知过程与认知机制进行研究的，在其最初发展与探索阶段，主张知识的表征仅是认知个体大脑内的活动，与外在的环境和社会因素无关。这种个体性是由学科性质与学科的发展状态决定的。

二、知识表征个体性的体现

受社会现实条件、学科性质以及科学发展阶段的影响，知识表征的最初研究是以个体性呈现的，这种个体性可以通过认知主体以及知识的表征机制两个方面得以体现。

（一）知识表征是哲学家个体思维、研究的结果

从古希腊开始，哲学家就致力于知识问题的研究与探讨。苏格拉底把德性与知识等同起来，认为“知识即德性，无知即罪恶”，知识是通过善的表现得以表征的。自苏格拉底对知识的解释开始，“知识就是对事物一般、普遍的类本质的认识”这一根本概念得以确立。之后，柏拉图提出“理念”也是为了解决知识的问题，在他看来，“知识是不朽的灵魂所固有的，通过关照感性事物，可以回忆到这种知识，一切学问和知识都在于灵魂看到感觉事物时对理念的回忆”①。也就是说，知识是通过回忆得以表征的。柏拉图关于知识表征的回忆说，对知识何以表征做出了说明，同时也认为知识来源于先天，与感觉经验无关，体现了古希腊哲学时期知识表征研究的客观性。这一时期关于知识表征问题的探讨主要围绕着“世界的本源”问题进行，体现了哲学家个体的反思和反省的结果。

近代关于知识表征的研究是通过一系列概念和范畴的演绎建立起的哲学学说，将知识的探讨从本体论转向了认识论，主要围绕思维与存在的关系问题进行探讨，并形成经验论和唯理论的两种知识观。经验论的知识观认为知识不是天赋的，而是来源于经验。其中，培根在知识如何表征的研究中认为，知识表征的对象是现实的客观世界，“知识是存在的影像”，是通过对客观自然界的描摹得以表征的。洛克也认为，“人们单凭运用他们的自然能力，不必借助于任何天赋的

① 柏拉图. 2002. 柏拉图全集(第一卷)[M]. 王晓朝译. 北京：人民出版社：3.

印象就能够获得他们所拥有的全部知识；不必有任何这样一种原始的概念和原则，就可以得到可靠的知识"[①]。相反，唯理论的知识观则认为，知识来源于先验的自我，是哲学家个体理性思维的结果。之所以会出现经验论和唯理论的极端，这是由当时的社会背景决定的，一方面，自然科学在当时极度盛行；另一方面，之前哲学关于心灵和知识观点的影响，使得近代的知识表征要么单纯强调经验，要么片面强调理性，产生了关于知识如何表征的困境。尽管康德在后来关于知识的解释上进行了一场"哥白尼式"的革命，试图调和经验论和唯理论，将两种理论中的合理要素整合起来，但仍没有从根本上解决问题。

近代时期关于知识表征的研究不同于以往本体论的探究，但同样也是试图探求一种囊括全部的知识。由于现实社会的纷繁复杂，人们所关注的角度不可能全部相同，这种努力注定是失败的。因此，近代哲学之后的哲学在知识表征的研究中批判并摒弃了以往"形而上学"的研究，抛弃了以往的假设，形成各自的哲学流派，试图对知识表征重新思考，使知识表征由普遍性向局部性转变。其中，专注于科学知识研究的科学哲学在知识如何表征的研究中就产生了许多重要成果，形成于 20 世纪 30 年代的逻辑实证主义反对以往形而上学的思想，认为那是无意义的，并认为科学知识的形成与表征不能仅仅依赖个人的经验，而应以数理逻辑为主要工具，依靠公认的实验来证实，科学知识是一种确证的科学，并且"作为合理的、不可辩驳的'实证论'的哲学方向的内核……就是每个命题的意义完全依赖于所给予的证实并由其决定"[②]。可见，逻辑实证主义是一种强实证主义，力图为科学知识寻找坚实的基础，也对科学知识进行了合理的重建。

通过简单梳理可以看出，知识的表征在哲学中的研究越来越体系化，也体现了这些研究是哲学家或科学家个体思维的结果，属于个体知识的表征。同时，知识表征的过程也是一种内在的认知过程，因此，有必要从认知的角度研究知识表征的过程，20 世纪 70 年代形成的新兴学科——认知科学，正是从内在的认识视角对知识的形成过程进行研究的。

（二）知识表征是认知主体依靠记忆进行推理的结果

认知科学将知识表征视为信息或知识在头脑中的呈现和记载，是对大脑记忆中的各种信息进行组织并推理形成的。这种过程发生在大脑中，是人们看不见摸

① 洛克. 1997. 人类理解论[M]. 关文运译. 北京：商务印书馆: 5.
② 洪谦. 1993. 现代西方哲学论著选辑（上）[M]. 北京：商务印书馆: 437.

不着的内在的、神秘的过程，因此关于知识表征的研究主要结合了认知心理学与人工智能的观点。认知心理学为人工智能建构模型提供了启发，并指引人工智能的发展，人工智能也在一定程度上使抽象的心理认知现象直观化，促进心理学领域的发展。物理符号主义与联结主义两种范式是关于记忆中的知识如何组织推理的两种不同观点。

物理符号主义将人的大脑、心灵看作和计算机一样的物理符号系统，通过在计算机程序中设定规则、程序与符号就可以完全模拟人的认知行为，人类对现实世界的认识可以通过对二进制数串的操作而实现。因此，知识表征的过程是人们通过眼睛、耳朵等从外部接收到各种信息后，大脑这个信息处理系统对各种信息进行编码整理成知识，并通过语言文字等方式输出的过程。为了明确、形象地对大脑处理符号的过程进行表述，物理符号理论试图建立模型对知识进行组织从而对知识表征的过程进行说明，如层级语义网络模型、特征比较模型等。因此，物理符号范式是将知识的表征过程看作计算机的运算过程，通过给计算机设置一种思维语言来描述人的心理过程。

我们知道，人脑的结构及运作程序极其复杂，其中一些问题可以被形式化，但仍有问题往往无法被形式化，物理符号主义对知识表征过程的解释仅限于机械的输入与输出，并无法把握知识所蕴含的意义，无法真正地替代人脑。因此，20 世纪后期，物理符号主义范式遭到强烈的质疑，其中，塞尔（J. R. Searle，1932—　）的“中文屋”就给予其致命打击，认为“我们要放弃那种认为在心脑间存在着一种计算机程序的看法，把心与心理过程视作如同生长、消化、胆汁分泌一样基本的生物现象”①。这就解除了物理符号系统假设长期以来所拥有的合法性，不仅如此，物理符号主义也遭到了联结主义的挑战。

联结主义认为知识表征是人脑的活动，可以将计算机比作人脑，对大脑中的记忆信息进行计算机模型化。不同的是，联结主义是从仿生学角度对人脑进行模拟研究，因为人类认知的基本元素不是符号而是神经元，知识的内在表征是神经元之间联结并不断发生动态变换的过程，因此要借助人工智能对信息进行并行分布处理，而不是在记忆中寻找相关信息并将其聚集的方式，它是加工本身的一部分。通过论述可知，认知科学初期的知识表征是有机体对外界输入的信息在头脑中进行组织加工后在头脑中的呈现。所以，这样形成的知识表征既是客观事物的反映，同时又是心理活动进一步加工的对象，这也正是早期知识表征的固有本质

① J. R. 塞尔. 1991. 心、脑与科学[M]. 杨音莱译. 上海: 上海译文出版社: 30.

及属性。

在笔者看来，无论是哲学传统中依靠合适的理性对知识表征的研究，还是在哲学的心灵转向之后从认知角度依靠记忆的组织、推理揭示个体认知过程的内部心理机制的研究，都是从个体、微观的角度出发去构造整个知识体系的大厦的，知识表征的主体是哲学家或科学家个体，所得到的知识是科学家个人的成果，是个别专家所从事的一种静态的对知识的程序、结构、逻辑所进行的研究，知识完全是一种理性因素的积累与重建。这样得出的知识叫作个体知识，个体知识所对应的知识表征形式是个体表征。当然，个体知识表征之所以存在，与其所对应的时代背景和需求有关，也必然有其存在的合理性与价值。

三、个体知识表征的特征

个体知识表征在整个哲学的发展中占据了很长时期并具有重要作用，它有其存在的价值，但也有不可避免的缺陷，当然这些都与个体知识表征的特征有重要的关联，其特征具体体现在以下几个方面。

（一）个体知识表征的主体——个体

古希腊哲学、近代哲学以及后来的认知科学都认为认知的主体是个体，只有个体具有一种理性，能达到对事物本质的认识，但不同阶段或流派，对认知个体的解读并不相同。

古希腊时期的哲学家是一种自然主义的、朴素的个体。近代科学的兴起则使持不同理论的哲学家在参与科学研究的同时也对科学的本体论、方法论和认识论进行辩护，这就产生了具备先天性的个体和依靠经验的个体。唯理论的主张者将认知主体视为理性的化身，主体只要依靠理性，并经过严密的演绎推理，就可以对事物的本质进行把握，获取知识。经验论的主张者则相反，在他们看来，认知主体只有凭借其感觉经验才能获取事物的本质信息，知识得以表征依靠的是经验的个体。康德在解决经验论与唯理论之间的矛盾时认为应将二者结合起来，认知主体在对外在事物的认知中，自身具有获得知识的天赋理性，同时也能通过自在之物获得经验性，是天赋与经验的结合，康德的主体更加符合当时近代社会背景的个体，符合刚刚起步的近代科学。

19 世纪末 20 世纪初，受弗雷格（G. Frege，1848—1925）、罗素（W. Russell，

1872—1970）以及维特根斯坦（Wittgenstein，1889—1951）哲学的影响，西方传统哲学的发展与研究发生了很大的转变，由原来在形而上学意义上的认识论研究转向了对哲学语言与逻辑的分析，其中逻辑实证主义是以逻辑和语言为工具对科学知识进行研究，试图将科学变为一套逻辑语言系统，以区别形而上学，认为得到经验证实的知识才是科学知识，因此，研究的主体是具备逻辑语言的主体。

在传统哲学之后，哲学的发展出现了多种流派，呈现了多理论的发展，并且对知识的解释也是多角度的，认知科学就将知识的产生看作个体内部的过程，知识的表征是认知主体在大脑中对信息的处理，是具体的个人心智活动，与周围环境及其主体无关。

在笔者看来，无论是通过归纳还是演绎、先验的还是逻辑实证的方法，知识的获取或表征主要体现的是认知主体的个体性活动，是认知个体大脑计算的认知活动，不论是理性直觉还是感觉经验都与他人无关，只有依靠个体，才能真正接近并把握知识。

（二）个体知识表征的过程——客观性过程

个体知识表征强调的是在主客分离的基础上，认知主体对外在世界准确无误地呈现，这个过程强调要完全排除主观的、心理的、环境的因素，避免这些因素干扰知识的表征过程，保证生产出来的知识是价值无涉的、纯净的，认知主体在此过程中主要承担“镜子”的功能和作用，即客观如实地反映外在事物的信息。

传统哲学时期，哲学家在知识的生产过程中虽然没有提出价值、价值无涉、客观、主观、实在性等概念，更没有对它们进行区分，但在知识的生产过程中要求排除迷信、追寻真理，并通过对善、真理等概念进行辩论和探讨，不断地对构成万物的本源进行追问，从而对客观现象背后永恒不变的、终极的本质或规律进行探索。例如，柏拉图通过与现象世界的对比，认为个别事物是理念或模型的复制品和现象，它们是有生有灭的，但现象背后的理念或模型则是超验的、永恒存在的，而哲学就是要通过思辨的逻辑发现理念的本质和内在秩序。古希腊时期这种对真理、本质追求的思想影响了后世哲学及科学中的知识观，无论是哪种哲学流派或范式，在对知识客观性、规律性、本质性的追求上都是一致的。

知识客观性思维的明确提出是在近代哲学时期，随着人性的解放和自然科学的发展，这个时期的哲学家或科学家在知识的表征过程中都主张要追求标准的客观性的知识。尽管崇尚不同路径的哲学理念使他们关于“客观性知识”有着不同角度的理解和解释，但在关于客观性的本质特征上他们都持相同观点：客观性的知识应与客观实在相符合、一致，如实反映外在世界，知识一经产生便具有相对独立性和普遍性；不仅如此，知识产生过程不能受主体主观性因素的影响和浸染，同时还要避免环境、周围因素对知识生产过程的干扰，坚信“有一个现实的世界独立于我们关于它的知识而存在，这个现实世界通过一种近似的过程在一定程度上是可知的，并且知识在它所达到的近似程度上是真的，或者与实在的结构是同型的”[①]。这种知识客观性的“镜式”思维是当时知识表征的观点，也成为当时及之后科学知识的检验标准，在某种意义上，这种知识产生过程的客观性可以等同于价值无涉、价值中立、去历史化。

近代时期知识表征过程客观性的要求，使科学知识“似乎成为这样一些实体，它们的存在与我们个体对它们的认识毫不相干”[②]。并且这种客观性、价值无涉的方法永远不会出错，通过它们可以获得绝对完美的真理。尽管黑格尔哲学之后，哲学内发生了重大转向，但知识产生过程的客观性标准却从未改变，只是更换了一种方式出现而已。例如，逻辑实证主义主张科学知识的生产要运用科学逻辑语言，并通过经验保证知识生产的客观性，这种个体知识的表征过程和结果仍然是客观的、价值无涉的、去历史化的。就像朗基诺关于客观性的观点：科学知识的表征应该“是一种被广泛地描述为与研究的观念、个体、理论、观察和方法相关的特性，它一般被认为是由事实或由一些公正的、非任意的标准所决定，而不是根据我们希望事情应该怎样的愿望来决定的”[③]。

从内在认知的角度对知识表征过程研究的认知科学，借助日益成熟的人工智能将知识产生过程进行模拟，主张知识的形成就像计算机的输入、编码、输出的过程，只要按照一定的认知规则，就可以将输入大脑中的信息形成知识呈现在大脑中，整个表征的过程与认知的主观性因素、身体及认知主体的环境无关，只是单纯的信息加工过程。

（三）个体知识的表征形式——完全表征

个体知识的表征是心灵对外在世界的反映和把握，是客观事物在认知个体头脑中的客观再现，这是一种完全表征的结果和形式。

---

① Mulkay M. 1979. Science and the Sociology of Knowledge[M]. London: George Allen and Unwin: 21.

② Holoton G. 1992. How to think about the “anti science” phenomenon[J]. Public Understanding of Science,（1）: 103-128.

③ Longino H E. 1990. Science as Social Knowledge: Values and Objectivity in Scientific Inquiry[M]. Princeton: Princeton University Press: 62.

完全表征体现了认知主体与外在世界的认知二元论思想。我们知道，认知二元论思想是受笛卡儿关于主体与世界的二分法影响而产生的，是笛卡儿的二元论假设在心灵表征中的体现，进而影响了当时知识表征的观点，即知识是个体对世界的完全表征。

当然，在古代哲学时期，知识的表征虽侧重在心灵中的呈现，属于心灵表征，带有思辨性的色彩，而不是一种以主客二元对立为前提的映射关系，但这并不能否定心灵表征是完全表征形式的事实。不同的是，知识的心灵表征是通过纯思辨的方式获得的，在当时的社会背景下，忽视了对知识生产方式因素的考虑，没有把握知识的本质。尽管如此，也只能说关于知识的心灵表征并不是理想化的、普遍意义上的完全表征形式。知识表征的理想化范型在文艺复兴之后产生，受文艺复兴的影响，人们从经院哲学时期对神、对上帝的信仰中抽离出来，转向了对理性的追求和信仰。受自然科学大力发展的影响和伴随大量观察、实验方法的运用，这个时期知识的表征成为对外在世界"客观准确真实的呈现"，既包含了知识表征贯彻下来的"在大脑中的呈现"的含义，同时也体现了对客观世界的把握的二元论思想。正如怀特海（A. N. Whitehead，1861—1947）所说的，"在经院哲学被抛弃之后，一个无形的习惯仍然存在着，那就是寻觅一个确切的点，寻得以后便要固执不舍"[①]，而理想范式的表征理念就是这个确切的点。

之后，逻辑实证主义在科学知识如何表征的研究中认为，通过建立一套严格的逻辑推理与精确统一的语言信息处理系统就完全能够指称世界，从而形成科学知识，这种科学知识表征的过程以逻辑语言为工具将外在世界呈现在大脑中，也是笛卡儿二元论思想的体现。

除了对传统哲学及现代哲学中的知识表征观点有深远影响，笛卡儿的二元论也构成了前期认知科学思想的哲学基础与前提。认知科学是关于内在心灵如何把握外在世界的学科，可以说，"正统认知科学（我们所知道的大多数认知科学，古典的和联结主义的）都是笛卡儿主义的，具体地说正统认知科学就是笛卡儿主义心理学的现代变种"[②]。以计算机隐喻为基础的符号主义将大脑视为符号操作系统，通过对各种信息的处理对世界进行精确的刻画与反映，形成知识表征。同逻辑实证主义一样，这种计算表征主义也仅把主体视为没有任何情感的计算机，完全没有考虑生物的、知觉的物理背景与认知环境，也没有考虑有机体的生理机能、

① A. N. 怀特海. 2012. 科学与近代世界[M]. 何钦译. 北京：商务印书馆：17.

② Wheeler M. 2005. Reconstructing the Cognitive World [M]. Cambridge: MIT Press: 23-53.

认知图式等，是完全借助抽象的符号完成的认知过程。可见，笛卡儿的二元论思想指导了认知科学的研究，认知科学的研究又反过来强化了笛卡儿主义心理学。

知识表征主体的个体化、表征过程的客观性以及信息的完全表征，是个体知识表征的主要特征，也是长期以来的知识观的主要特征，正是这些特征极大地促进了知识的积累、科学的发展和技术的进步，形成了社会发展和变革的巨大动力，因此，有必要进一步了解个体知识的形成机制和相关因素。

第二节　个体知识的表征机制

知识表征是一个神秘而又复杂的过程，因为传统的认知观是一种个体的、认知主体内部的认知活动，通过感觉、知觉、假设、推理对大脑记忆中的信息进行组织后在大脑中的呈现，十分抽象。但随着人工智能的发展与成熟，这种认知活动的过程可以通过人工智能的演绎被大家直观了解。

一、个体知识的表征过程

知识的表征过程是一个思维过程，是通过注意、感觉、知觉、记忆、思维、想象等心理活动达到对事物本质的把握，从而获得知识的心理过程。这种抽象的认知过程，可以通过人工智能得到解释，由计算机的感知系统（接收环境中的信息）、记忆系统（对信息进行编码、存储）、控制系统（信息的加工、组织）和反应系统（信息输出）共同作用完成。

在知识表征的形成过程中，认知主体首先通过对客体的注意来产生对认知客体的感觉与知觉，并将这种感觉与知觉存储起来，形成记忆，最终通过进一步的加工形成概念与知识。因此，感觉是表征过程的最初认知形式，也是知识得以表征的铺垫过程，通过人的感官刺激，在大脑中形成关于事物低级阶段的冷热、颜色、触觉、视觉等个别属性的信息，即感觉图式。对认知客体整体属性的把握则由知觉完成，知觉是在感觉基础上形成的，由关于认知客体的所有感觉图式组成，感觉图式越丰富，知觉就越深入，不同于感觉图式的机械叠加，知觉是对感觉图式的有机结合，是对认知客体更深层的反映以及关于认知对象的综合图式，即知觉图式，知觉图式基本能全面反映认知客体的属性。例如，当认知主体看到一幅地图时，视觉感受器会接收由视觉器官接收的各种关于地图形状、大小、颜色、比例尺等信息的影像，即感觉图式，然后，这些信息经由视神经纤维传到大脑神经中，结合大脑中所存储的经验和知识等相关信息，最终得知该地图所代表的国家或地区、经纬度、高原抑或平原等信息，甚至进一步得知该地方的气候、季节、人文环境等信息，即知觉图式。因此，感觉是知识表征过程中所涉及的最初的认知要素，是事物对感官直接的刺激，而知觉过程则是一个复杂的认知过程，不仅受感觉系统的影响，还依赖以往的经验与信息，甚至会受认知主体主观因素的影响，是在感觉基础上形成的整体映像。

如果说感觉与知觉是关于事物属性的认知，那么对事物之间的内在关系、规律以及本质的了解则依靠的是思维机制的作用。“思维”是一个宽泛的术语，布鲁诺（J. S. Bruner，1915—2016）曾将思维定义为“超越给定的信息”①，巴特利特（F. C. Bartlett，1886—1969）认为思维是“一种复杂和高水平的、可以填补事实之间空缺的技能”②，人工智能符号主义学派的创始人纽厄尔和西蒙则认为思维是一种“在问题空间内搜寻的过程”③，显然，思维是一种心理过程，通过这种心理过程可以超越既定的表面信息而探知其更深层次的含义或本质，可以说，思维是知识表征过程的核心机制。

当然，作为知识表征过程的其中一个心理机制和环节，思维是通过对感觉和知觉获得的信息进行分析，发现各个事物之间的关联的，并通过语言、动作等进行表达，因此，与感知觉相比，思维具有间接性和综合性。同感觉一样，思维也是对事物的反映，但感觉信息直接来源于视觉神经对事物的作用，直接反映事物的个别属性和外部特征，知觉虽然反映的是该事物的全部属性及其内在属性，是对感觉材料的加工，也是一种间接认知过程，但其仍停留在感性认知的阶段，思维则可以进一步通过推理、判断、论证等方式对知觉材料再加工、再组合，综合概括事物与现象的本质和规律。同时可知，作为知识表征过程的核心环节，思维机制的发生并不是孤立的，它与其他认知要素交织在一起，是一个综合作用的认知过程，任何推理、判断等思维机制的发生最先都是由感觉材料而来的，其中思维也渗透在感觉活动中，使人的感觉区别于动物的感觉。例如，当人看到大树时，不仅大树的形状、位置等信息会通过视网膜反映到人的大脑，大脑还会形成“这是一棵大树”的观念和判断，体现了“由个别到一般”的思维形式，当然，由感

① Bruner J S. 1957. Going beyond the information given[A]//Gruber H, Hammond K, Jesser R, et al. Contemporary Approaches to Cognition[C]. Cambridge: Harvard University Press: 41-69.

② Bartlett F C. 1958. Thinking: An Experimental and Social Study [M]. New York: Basic Books: 20.

③ Newell A, Simon H A. 1972. Human Problem Solving[M]. Englewood Cliffs: Prentice Hall: 56.

觉上升到知觉的过程必然包含判断、推理、概括等思维过程。可见，认知因素彼此之间也没有明显的界线划分，思维在感觉与知觉材料的基础上运作，同时也早已通过选择、解释、校正、指向、反馈、推理、概括等形式参与到了感觉与知觉的形成中。除此之外，知识表征的过程还涉及除了感觉、知觉以及思维因素的想象、直觉等因素，共同对大脑中的信息进行加工、分析，以弄清事物的本质、规律，最终形成知识。

为了分析、模拟知识表征过程，更加直观地了解信息的处理过程，纽厄尔与西蒙用计算机对符号的操作研究知识表征的心理过程。于是，计算机中的感受系统、记忆系统、控制系统也就分别替代了感觉、知觉、记忆、思维等心理因素，对输入的信息进行操作，联结主义也通过设计出更接近大脑神经系统的计算机程序，对知识表征过程进行研究。暂且抛开研究假设本身的缺陷不说，单就计算机毕竟不是人脑，它只是对人脑的模拟，二者仍然属于两种不同的认知系统这一区别而言，计算机无法全面、真实地模拟人的心理过程，也无法全面反映知识表征的过程。

全面深入探索知识表征的过程，一方面，需要心理学的研究与实验，对人类认知的各种因素与奥秘进行把握；另一方面，需要提高计算机理论与技术，即发展人工智能，提出新的认知理论模型，使其更接近大脑的认知过程，验证心理学提出的理论。人脑不仅具有不可比拟的结构与功能，更由于作为认知的主体，人们在对客观事物的认知中，会产生想象、意识、感受，这些适时的心理变化和状态伴随或影响知识的表征。而现阶段的计算机技术与模型在知识表征的程序中未能将这些心理因素进行表达，仅仅就知识本身的形成过程进行了单纯的、真空式的、理想化的研究。此外，知识表征与记忆之间有着密不可分的联系，通过了解它们之间的关系及相互作用机制，可以更加深入地认识并了解个体知识的表征。

二、记忆是个体知识表征的前提和基础

高度发达的科技使人们对原先无法探知的大脑有了一定的研究与了解，但时至今日，大脑的研究对于当前的脑科学发展而言只是由原来的“黑箱”转变为“灰箱”，大脑中的知识表征机制仍是一个难解之谜，有待不断地研究探索。作为知识表征过程中的一个重要因素和心理过程，记忆与感觉、知觉、思维等其他心理活动因素之间都有联系并发生作用，同时通过其存储、检索以及译码的功能参与

知识表征的过程，形成信息、经验或知识，根据这些记忆信息，认知主体才可以进一步地被认知。可以说，知识的表征是对记忆信息进行组织后在大脑中的呈现，记忆在知识表征的过程中发挥着重要作用，对记忆的研究有助于对知识的组织与表征过程的进一步深入了解。

（一）记忆的研究历史与知识的表征

记忆问题是认知心理学以及神经科学的重要问题，既指信息在大脑中的存储，以及在当前情境中的运用，也指对过去的经验、信息提取的动态过程。对记忆的研究不仅在科学上对研究阿尔茨海默病、神经性疾病有重要意义和突破，也可以在哲学的意义上了解记忆作为其中一种认知因素的运作机制。记忆的思想早在古希腊哲学时期就已提出，并在之后不断地深化和发展，在此过程中，记忆的研究与知识表征息息相关。

柏拉图是哲学史上提出记忆问题的第一人，并且其记忆思想是在论证知识如何表征时所提出的一种认识论的学说。为了进一步发展苏格拉底的助产术思想，柏拉图在其回忆录《美诺篇》中，以一童奴为例，提出了著名的“回忆说”。[①]，从而回答并解释了“普遍的知识来自何处”的问题。在柏拉图看来，理念知识早已存在于人的灵魂，但人出生后，灵魂与肉体的结合使知识被遗忘，于是，要进行不断的学习才能通过回忆使心灵重获被遗忘的知识。在笔者看来，柏拉图关于记忆的思想是一种认识论的思想，记忆成为知识得以表征的手段或方式，在柏拉图后来的思想中，记忆更是以“内在化”“自觉”的状态，而非通过“学习”这种外界的刺激实现知识的表征。尽管“回忆说”在现在看来有一种神秘主义的色彩，但不可否认，记忆与知识表征的关联早在柏拉图那里就得到体现。

这种观点同时也影响了亚里士多德关于记忆的观点。在《论记忆》中，亚里士多德对记忆的性质、属性、对象以及记忆的发生过程等进行了比较全面的论述。他将记忆与时间相结合，将时间分为过去、现在和将来，共同构成永恒的存在，现在或当下的事情可以通过感觉来认识，将来的事情可以通过猜想或想象获得认知，而对过去事情的认识，则是通过记忆获取并认识的。因此，当下或未来与记忆无关，记忆只与过去有关，或者说过去的时间是记忆发生的必要条件之一。记忆如何获知过去的事情？

柏拉图与亚里士多德通过对记忆或回忆的研究说明了知识的来源与表征。到

① 汪子嵩. 1993. 希腊哲学史(第 2 卷)[M]. 北京: 人民出版社: 678.

了经院哲学时期，研究格局从对自然和宇宙的探讨转向了对神学的研究，奥古斯丁（A. Augustinus，354—430）在其中起了转折性的作用。他坚称对上帝要“先信仰再理解”，这也是其思想的基点，主要体现在他关于记忆的“光照说”中。光照说其实可以追溯到柏拉图的回忆说中，认为只有通过心灵才可以对事物的本质进行理解和把握。[①]。只有光照，才可以将人们潜在的信息呈现出来。因此，光照说不仅是为了证明对上帝的信仰和理解，同时也体现了一种认识论的思想，通过记忆可以获得知识的来源，记忆是知识得以表征的手段与方法。此外，奥古斯丁将记忆划分为感受性的记忆、感受之外的记忆与自我记忆三种类型，记忆好比一个知识库，通过记忆便可获知相应的知识。

由此我们得知，奥古斯丁的光照说是对柏拉图理念论在认识论领域的改造和延伸，都体现了神秘主义的内涵，强调记忆作为一种知识表征的手段而存在。这种观点一直延续到近代时期的记忆思想中。近代时期，经过文艺复兴运动的洗礼，神学研究的热情以及基督教会对人思想的束缚逐渐消退，取而代之的是资本主义经济的发展以及人们探索自然的热情。记忆的研究也因此跳出神学研究的范围，转向了哲学认识论的研究。

洛克与休谟是近代时期对记忆有进一步系统化研究的哲学家或科学家，其中，作为经验论的代表，洛克提出著名的白板说以反驳天赋观念论，从而形成了关于知识表征的不同观点，在这个过程中，记忆不仅是他研究的对象，也是其反驳天赋论的依据。在洛克看来，“回忆的作用同其它思维方法的分别之点就在于，当人们进行回忆时，分明意识到那件东西是曾经在心中存在过的。人心以前所不曾知觉过的东西都不能说是在心中的”[②]。若一个观念通过记忆而回想起来，那这个观念一定是在思维中已经存在的信息，既然如此，观念怎能是天赋的呢？由此驳斥了天赋观念论。关于记忆在知识表征中的作用机制，洛克认为，“在有智慧的生物中，记忆之为必要，仅次于知觉。它的关系是很重要的，因此，我们如缺少了它，则我们其余的官能便大部分失了效用。因此，我们如果没有记忆的帮助，则我们在思想、推论和知识的形成过程，便完全不能越过眼前的对象”[③]。可见，洛克对人的思维进行了明确区分，如感觉、知觉、记忆等，肯定了记忆在人类思维结构中的重要作用，不仅如此，记忆还与其他思维结构或官能之间协同

① 奥古斯丁. 2010. 忏悔录[M]. 周士良译. 北京：商务印书馆：208.
② 洛克. 1959. 人类理解论（上）[M]. 关文运译. 北京：商务印书馆：60.
③ 洛克. 1959. 人类理解论（上）[M]. 关文运译. 北京：商务印书馆：119.

合作共同发挥作用，不同的感知活动通过记忆会形成不同的体验，进而获取不同的信息或知识。记忆是知识在大脑中得以表征的间接手段或依据，缺乏记忆，人的认知功能就无法正常发挥。不仅如此，知识的更替和发展也是通过记忆的转换得以进行的，当下的观念和新知最终会存储起来变为记忆，同时，人们也会结合以往的记忆形成当下新的知识，通过这样不断地转换，形成新的知识表征，构成人类文化的发展。

休谟关于记忆的观点也是在经验主义的基础上进行的，认为“我们从经验发现，当任何印象出现于心中之后，它又作为观念复现于心中，这种复现有两种不同的方式：有时它在重新出现时，它仍保持相当大的它在初次出现时的活泼程度，介于一个印象与一个观念之间；有时，印象完全失掉了那种活泼性，变成了一个纯粹的观念。以第一种方式复现我们印象的官能，称为记忆（memory），另一种称为想象（imagination）”[①]。也就是说，记忆是感觉经验在心灵中的重复出现，并且感觉经验在大脑中的重复出现并不是杂乱无章的，而是以因果关系、接近关系或相似关系呈现出来，因此，记忆存储的是一种次序和位置信息，同时也说明了记忆与印象、观念的关系，主张记忆有助于观念或知识的形成。

在当时的社会发展程度与社会现实条件的限制和约束下，无论是柏拉图的灵魂回忆说还是中世纪奥古斯丁的上帝光照说，或者是近代时期洛克与休谟在经验论基础之上的记忆观，都对记忆问题进行了深入的研究和探讨，将其视为哲学反思的对象。甚至将记忆与其他理性思维、意识等精神活动密切联系起来，指出了记忆与知识表征之间存在的联系，将记忆视为获得知识的其中一个过程或者认为记忆是知识得以表征的手段。他们的思想成果对于当下我们关于记忆问题以及记忆在知识表征中的作用机制等问题的研究仍具有非常重要的意义。但受当时研究条件以及学科发展的特征的影响，当时关于记忆及其在知识表征中作用机制的研究并没有从自然科学的角度进行，或从认知的、脑科学的研究层面进行更精确的把握。因此，到了 20 世纪，随着哲学的转向以及认知心理学、脑科学等自然科学的发展，关于这方面的研究更加细致、深入，记忆在知识表征中的具体作用机制也在自然科学中通过借助实验、模型等方法得到更清晰的表现。

（二）记忆在知识表征中的作用机制

记忆与知识表征相关，是知识表征的前提和基础，知识是对大脑中的记忆信

① 休谟. 1980. 人性论[M]. 关文运译. 北京：商务印书馆：20.

息进行组织后呈现的，并且所呈现的知识又会变为记忆存储起来形成新的知识，二者互为前提，相互转换，形成文化的发展与传承。

信息如何输入大脑，如何在大脑中呈现、存储，直至被提取，其中涉及神经科学、脑科学等自然学科，是个十分复杂、抽象的过程。但在计算机科学和人工智能的影响下，关于记忆的相关研究可以通过一定的理论概念和模型机制得到一定的解释，使记忆在知识表征中的作用机制通过信息的输入、编码、存储和提取的程序呈现。

记忆在知识表征过程中的作用不容忽视，知识的表征是对记忆信息进行一定组织后呈现的。这可以体现记忆的本质特征，正如《辞海》对记忆的定义，即“记忆是人脑对经验过的事物的识记、保持、再现或再认”。也就是说，记忆由“记”与“忆”两部分构成，“记”则是识别并记住对象事物的特点和联系，“忆”则是大脑中相关事物信息的暂时再现。可见，记忆最根本的特征是具有存储功能，信息得以存储才能不被遗忘，并在需要时被提取。

知识的表征就是结合特定的语境对大脑中存储的信息进行组织管理，心理学家艾宾浩斯（H. Ebbinghaus，1850—1909）最先在对记忆进行的研究中将记忆比喻为“储藏室”，这种存储能力是信息得以转化、呈现的前提。记忆最基本的存储能力在最先对其进行研究的哲学中就已体现，例如，洛克在其白板说中，就将记忆比喻为一块蜡板，记忆就是经验在蜡板上留下的印记，并且蜡板上的信息随着时间的流逝并不会改变；弗洛伊德（S. Freud，1856—1939）则将记忆看作是房间里放置的不同物体，体现了记忆的存储功能；还有的学者将记忆比作垃圾箱，记忆的信息就像垃圾箱内的大量杂物一样，以杂乱无序的状态放置着。因此，直至 20 世纪末，在借助科学方法对记忆进行研究的心理学出现之前，对记忆的研究虽然不科学、缺乏严谨性，但凡是涉及对记忆的描述和界定都主要体现着记忆的存储功能，并围绕其进行论述。

心理学关于记忆的存储的研究，主要借助的是建模的方法，最初关于记忆的存储模型是单一的存储模型，即所有的信息，无论信息内容是什么，都以相同的形式被存储。这就会导致这样的疑问，即视觉信息的存储与听觉信息等以其他形式获得的信息是存储在一起的吗？这并不明确。对此，恩格尔坎普（J. Engelkamp）和齐默（C. Zimmer）于 1994 年建立的多模型理论认为，每个信息都有其自己的系统，因此也分别有自己的存储。但这种多模型理论并没有被大家所接受。这种关于存储模型的争论最终被神经网络所改变，认为模型改变了所有的细节，因此，不存在记忆的存储，联结主义也认为存储模型并没有什么效用。既然如此，信息输入后是如何呈现的呢？这种疑问随着巴德利（A. Baddeley）工作记忆模型中“短时记忆”与“长时记忆”的区分得到回答，在他看来，工作记忆模型“包含两个成分，一个能够保持语言与信息的语音存储，一个基于内部言语的一个发音控制过程。在语言存储中，记忆痕迹被认为是会减弱且在大约 1.5 秒到 2 秒内消失。但仍然能够通过很快地读出这个记忆痕迹使其进入发音控制过程时得到恢复，然后把它反馈到存储中，这个过程是在默读复述下实现的”①。通过工作记忆模型的介绍可以得出，存储的观念通过短时记忆与长时记忆的区别被削弱，或者说，在关于记忆的研究中，通过长时记忆的观点可以完全避开或代替存储的观点和研究。

记忆可以长时或短时地存储是知识得以表征的前提和关键，信息在被输入大脑，并存储的过程中，会按照信息的特征被简单地分类存储，如按照存储信息的内容可分为形象记忆、情境记忆、情绪记忆、语义记忆等，也可以按信息存储的时间长短划分，如长时记忆和短时记忆，还可以根据事件发生时的情境形成特定的脚本或图式，这样便于信息的使用和提取。在笔者看来，几乎所有的认知活动中都有记忆的参加，所有认知结果或表征结果都离不开记忆所提供的信息，既然如此，就要追问，处于存储状态的记忆信息是如何被提取出来的呢？记忆的提取与记忆的编码、输入有关吗？

在对记忆提取机制的最初研究中，有许多关于记忆提取的观点，如控制性提取的观点、自动化观点等。实际上，记忆信息的提取过程就像借书者在书架上找不同的书一样，这个比喻看似将记忆的提取过程描述得很简单，但在实际的操作中，记忆的类别不同，它们的生理系统就不相同，记忆所依赖的神经系统也不相同，因此，提取机制就会不相同。例如前瞻性记忆（prospective memory，PM）与额叶皮层相关，是存储了主体的意向性并在未来某一时刻完成的记忆，这种记忆既包含了被动接受的信息等客观因素，也包含了认知主体的情绪、意向性、倾向等主观因素。因此，根据前瞻性记忆的这种特征，该记忆的提取机制可以通过近年来由麦克丹尼尔（M. A. McDaniel）和爱因斯坦（G. O. Einstein）提出的“多重前瞻记忆理论模型”得以表现，在这一模型中，“前瞻记忆加工既可能依赖于策略的、需要注意资源的控制加工，也可能依赖于需要少量，甚至不需要注意资源的自动加工”②。并且该模型将以往提出的联结加工机制和熟悉-提取加工机制这两种前瞻性记忆提取理论进行综合，在前瞻性记忆的提取中，这两种方式是并

① Baddeley A. 1998. Human Memory: Theory and Practice[M]. Boston: Allyn and Bacon: 53.
② McDaniel M A, Einstein G O. 2000. Strategic and automatic processes in prospective memory retrieval: a multiprocess framework[J]. Applied Cognitive Psychology, 14: 127-144.

存的，既是自动化的加工过程，也是控制性的加工过程。

另外，记忆的提取并不仅仅是一个被动的信息输出过程，同时也是一种主动的建构的过程，如近年来成为研究热点的自传体记忆的提取就包含了认知主体的主观建构。自传记忆是关于认知主体个人生活的记忆，因此，其不同于那种死板的、僵硬的记忆研究，认为那是违反人的生理结构和生态原则的。康韦（M. Conway）等在自我记忆系统（self-memory system，SMS）模型中，就将自传记忆的提取过程描述为："（1）精细化线索；（2）访问某一生活片断；（3）对于该生活片断的普通知识；（4）访问某一一般事件；（5）访问感知觉细节及其他 ESK。……如果遇到一个足够特异化的线索，上述复杂的生成提取过程也可以被避开，即'直接提取（direct retrieval）'。"①

记忆是人类最基本的心理活动之一，因为记忆，人们才能进行正常的生活、工作和学习，因为记忆，人类的历史才能发展前进，因此，记忆的研究不仅有助于学科理论的发展和实验的探索，最主要的是能在医学、临床上有更广泛的用途。同时，研究记忆与知识表征的关系及记忆在知识表征中的运作机制，还可以更直观、更深入地了解记忆在大脑中的输入、存储和提取，最终转变为知识的呈现过程，转变的知识又可以成为记忆存储起来，生成新的知识表征，促成知识的发展。

第三节　个体知识表征的研究方法

知识表征的研究是哲学中的认识论问题和认知科学的主要核心问题之一，但二者研究的侧重点不同。哲学强调的是知识的来源，是对知识如何形成的研究；而认知科学强调的则是知识在大脑中的表征机制，探讨知识是如何被获得、存储、转化和使用的，也就是知识是如何被表征的认知过程。

研究的重点和研究的角度不同，会形成各自的研究方式和方法，由于哲学研究的历史悠久性和各种流派划分的复杂性，关于知识表征的方法几乎涵盖了包括理性思维、直觉、观察、实验、分类、推测、比较等所有的经验主义和理性主义研究方法。而由于认知的抽象性，经验的、实验观察的方法在认知科学对知识表征的研究中很难运用到其中，因此，只能用理性主义的方法代替，合乎逻辑地做出知识如何表征的合理解释。当然，不论是经验方法还是理性方法，它们在知识

① 卢英俊，秦金亮. 2008. 自传记忆提取的神经机制及其研究方法[J]. 心理科学进展，16(4)：549.

表征中的运用并不是绝对分离的。归纳起来，主要有以下四种方法。

一、理性思维方法

经验主义与理性主义之间的对立始终存在于哲学的发展历程中,因此相对应采取的经验与理性的方法也是知识表征的两种不同方法，它们之间的对立与斗争，以及在不同的阶段所显示出的优越性和不足，使得知识的表征更加丰富、多元化。

（一）理性主义的方法在知识表征中的运用

关于知识表征的理性思维方法，在古希腊时期就已出现，最先提出这种理性思维方式的是米利都学派的泰勒斯（Thales，约前 624—前 546），他关于“水是万物的本源”的观点在当时凭空猜想的年代，十分具有理性思维的特征。之后，这种方法在毕达哥拉斯[Pythagoras，约前 580—前 500（490）]那里得到了很好的发挥，他认为“一切其他事物就其整个本性来说都是以数目为范型的”[①]。在此基础上形成了关于数学、哲学以及音乐方面的知识，其中，最著名的就是毕达哥拉斯定理，即勾股定理。将理性思维在知识表征的过程中发挥到极致的是巴门尼德（Parmenides of Elea，约前 515—前 5 世纪中叶以后），他的“存在说”就是以一种纯粹逻辑推理的理性思维方式得出的，较以往通过感性事物上升到理性思维方式的途径得出关于“水”“火”“数”等本原说而言，更抽象、更纯粹。这种纯粹理性的思维方式具有划时代意义，直接影响了之后古典哲学时期苏格拉底的“人性”与柏拉图的“理念”。

苏格拉底在关于知识表征的方法论述中，第一次明确提出要“通过归纳形成概念”的知识表征观，柏拉图关于知识表征的观点与意见的产生是有区分的，在他看来，知识的表征是人的理性对理念世界的理解结果，但这种知识却在人生下来时被遗忘，因此，只有通过学习才能“回忆”起所遗忘的知识。自巴门尼德将知识表征的理性思维方法大力发扬之后，亚里士多德又创造了一个用理性思维进行知识表征的巅峰，认为从经验中得来的知识是知其然而不知其所以然的，“人是理性的动物”，因此，真正的知识是由理性得来的，而这种理性思维方式的核心原则是其逻辑学理论中的“三段论”思想，这种理性才是人类最高级的理性。

经过了古希腊的顶峰之后，理性的思维方式在中世纪神学至上的时期被黑暗

① 北京大学哲学系外国哲学史教研室. 1961. 古希腊罗马哲学[M]. 北京：商务印书馆: 39.

所淹没，直到 17 世纪，在经历了文艺复兴的洗礼后又再次抬头，并在当时一些哲学家的推动下一飞冲天。与之前关于理性思维的探索阶段相比，近代时期的理性思维更具有系统性，同时也具有强烈的排他性，形成了一种理性主义。在知识由理性思维方式得以表征的观念队伍中，以近代理性主义哲学的开创者笛卡儿为首，包括斯宾诺莎、莱布尼茨，都认为知识的表征是理性思维方式的结果。这种观点后经康德、黑格尔等哲学家的论证更加得到发扬。

理性思维的方法在知识表征中的运用，不仅在哲学中得以体现，而且由于近代之后，哲学学派的多元化以及各种学科逐渐脱离哲学的母体，也因此在具体的知识表征中得以体现。其中数学与理性方法之间的关系问题，是鸡生蛋还是蛋生鸡的问题，撇开这个问题不谈，也足以说明理性的方法在数学知识的产生过程中的重要性，甚至在许多学者看来，可以直接将数学看作知识表征的工具，这无疑将数学等同于理性思维的方法。有着同样困境的还有逻辑学知识的产生，逻辑学知识的表征也是一种理性思维方法的体现，因此，逻辑学的知识也可以是一种工具或方法。

但由于理性主义对经验的抗拒性，不重视实践的研究，甚至贬低建立在观察、测量、实验等经验方法基础之上的科学的价值，认为科学知识不是依靠理性产生的，不是天赋的，不具有确定性，因此，理性主义的方法仅对先验性科学知识的表征有重要作用。

（二）经验主义的方法在知识表征中的运用

在知识表征的过程中，经验研究与理性研究是相伴相随的，最终也形成了经验主义的方法，具体可划分为前期经验主义与后期经验主义。

经验的方法总是不知不觉地潜伏在理性的方法中，最先将经验方法从中分离开的是恩培多克勒，自此之后，经验主义逐渐兴起。但真正形成一种经验主义，并同理性主义相对抗是到了近代哲学时期，以培根、洛克、休谟为代表人物，主张知识的表征只有通过感官经验得来才是正确的，理性和先天性不可信。至于哪种方法在知识表征中更具有科学性，罗素用“金字塔”形象地描述了这两种方法，他认为，“假如先验体系的基本原则被去除，那么它就会完全被推翻，即使它本身是前后一致的；而以观察事实为基础的经验主义哲学却不会崩溃，即使我们可以在某些地方对它吹毛求疵。两者的反差就像两座塔基与塔尖颠倒的金字塔一样。经验主义的金字塔建立在牢固的地基之上，即使从某个地方拿走它一块石板，也不会倒塌；而先验性的金字塔却是靠塔尖支撑的，似乎瞟它一眼，它都会摇摇欲坠”[①]，可见，罗素认为经验主义就像正立的金字塔，现象和事实处于下层，塔尖是真理和规律，下宽上窄，这样的知识才牢靠、稳固，而靠演绎推理得来的倒立的金字塔，稍有不慎则会倒塌，是不稳固的。

在笔者看来，经验主义与理性主义所持的两种观点没有孰轻孰重，都有其可取的地方。在知识的表征中，由于理性主义更侧重直观、推理等，因而其主要运用于数学知识、几何学知识、逻辑知识的表征中，因为“理性主义者对数学所享有的那种似乎是不可动摇的基础及其在纯粹理性中的基础印象深刻。他们试图把所有的知识都置于相同的立足点之上”[②]。经验方法则主要用于自然科学知识的表征中，例如，物理科学的知识并不能紧紧依靠严密的逻辑推理得出，必须通过对大多数物理现象进行验证、说明和解释后得出，因此，这两种方法拥有各自的知识表征体系。

经验的方法在近代达到鼎盛之后，随着哲学发展的“语言”转向，维也纳学派主张用逻辑实证主义的方法研究科学知识，即本着证实的原则，重新将科学语言进行逻辑分析，在此基础上用经验方法进行研究，共同致力于科学知识的表征。逻辑实证主义是经验主义的发展，卡尔纳普在其《世界的逻辑构造》一书中指出：“通过运用感官观测就可以来实证（或者至少是证实）关于宇宙如何运行的科学假设的真实性……通过运用数理逻辑的形式化方法，来建立一个严格的科学语言以准确地表现世界作为一个整体的逻辑构造。”[③]

无论是前期还是后期的经验主义，都主张在知识的表征中，要抛弃形而上学，立足于观察、测量、实验等经验方法基础之上，只有经验的方法才能获得自然科学知识的表征。

二、隐喻方法

（一）隐喻的认知表征功能

“隐喻”（metaphor）一词来源于古希腊语中的 metapherein。在希腊文中，meta 基本上相当于现代英语中 beyond 的意思，即“超越、在……之上”，而 pherein

① W. 罗素. 2012. 西方的智慧[M]. 亚北译. 北京：中央编译出版社：289.

② Hallie P. 1951. Maine de Biran and the empiricist tradition[A]//Mulgan T. The Philosophical Quarterly[C]. Oxford: Blackwell Publishing Ltd: 159.

③ P. R. 卡尔纳普. 1999. 世界的逻辑构造[M]. 陈启伟译. 上海：上海译文出版社：194.

则是 to bring 的意思，即“带来、产生”[1]。而英语中的 metaphor 一词大约到了 16 世纪才出现，是对比喻性修辞格的指称。

隐喻的研究几乎伴随着哲学的发展。古希腊时期，亚里士多德在《修辞学》和《诗学》中就专门探讨了隐喻问题，认为隐喻是一种修辞手段，是文学的附属品。这种观点一直影响着之后隐喻在修辞学中的发展。在西方哲学的发展中，隐喻始终被当作充满歧义的语言，要求只在文学或日常语言中运用，被排除在科学语言之外。直到 20 世纪，随着哲学运动中语言学、解释学、修辞学的转向，尤其是认知科学的发展，与科学发展始终相伴的隐喻才逐渐得到承认并前所未有地凸现出来。因此，隐喻在认知系统中的研究是在最近几十年才开展的，并且随着认知心理学、认知科学、语言学的发展，人们对隐喻的理解逐渐打破了修辞的限制，从多角度、多学科对其重新认识，逐渐形成了以隐喻为方法的研究，并使其合法性地位得以确立。

莱考夫（G. Lakoff）和约翰逊（M. Johson）在 1980 年出版的《我们赖以生存的隐喻》，标志着认知观的隐喻研究全面开始。他们认为，“隐喻不仅仅是语言修辞手段，而且是一种思维方式——隐喻概念体系。作为人们认知、思维、经历、语言甚至行为的基础，隐喻是人类生存主要的和基本的方式”[2]。概念隐喻理论（conceptual metaphor theory，CMT）把隐喻提升到了一个至高无上的地位，并把认知科学的视角带向了一个新的领域，进入了科学哲学家的研究范围。在此之后，语言学家、哲学家和认知科学家的大量研究证明隐喻不仅是一种修辞手段和情感表达的方式，它所特有的描述、解释、预言等作用是我们认识抽象领域、获得经验知识的强有力的工具和方法。因此，隐喻具有重要的认知表征功能，并被作为方法论得以确立、巩固以及运用于科学研究中。

隐喻作为一种认知方式，其认知表征功能是通过解释其中认知域即本体与喻体之间的相似性达到的。也就是说，人们通过熟悉的认知域的特征、性质等向待知的认知域映射，可以达到了解无形的、抽象的待知域的目的，这是隐喻认识事物的基本原理。人的认知活动既包括对常识性知识的认知，即通过对客观事物的了解形成概念、经验等，也包括对科学知识的认知，即通过分析、判断和推理得出的认知，而隐喻方法在这两种类型的认知过程中都发挥着重要的认知表征功能。

在人的思维发展初期，人们对事物的认知还没有形成一个统一的明确概念，

① Radman Z. 1997. Metaphors: Figure of the Mind[M]. Boston: Kluwer Academic Publishers: 3.
② Lakoff G, Johnson M. 1980. Metaphors, We Live By[M]. Chicago: The University of Chicago Press: 67, 111-112.

因此对世界的认知主要是通过联想、想象并采取近取诸身、远取诸物的原则，习惯于把与自身相似、熟知的概念迁移到另一陌生、不熟悉的事物上去，使旧有的经验感受产生新义，达到认识新事物的目的，并使得认识更加鲜明、具体。这也是一种最节约的认知路径，即在认知地图中按照最经济原则寻找所需要的最近的知识点。可见，在对新事物的认识中，大脑总是在记忆中寻找已经存在的与新事物相似的概念，据此判断新认识事物的物理、功能等属性。隐喻便是如此，借一种概念表达另一种概念，利用旧事物和已有的经验认识表达新事物，使人们不断地在日常的生活、经验中形成认知并被表征出来，当然，在这个过程中，人们依据的主要是自己逐渐扩大的经验和知觉等。

此外，隐喻的认知功能使人们形成更高级的表征方式——科学表征。目前，科学研究逐渐呈复杂化、系统化、综合化等趋势发展，抽象逻辑和概念思维在科学研究中的作用更为凸显。单一的科学研究需要借助隐喻，由各个学科有机综合形成的系统科学更需要借助隐喻探索事物的本质和规律，赋予新的思维和方法，帮助人们学习科学知识、进行科学推理、形成科学理论、创新科学知识。因此，隐喻方法在许多科学理论包括系统科学理论的解释及传播过程中扮演了重要的角色。比如，作为自然科学中逻辑化和数学化程度最强的物理学，其概念的产生和理论的形成却主要来自隐喻，如理想气体、电流、电子云、原子结构的太阳系模型等，这些都是物理学家用这些人们可以想象的形状或名称，让人们了解物理中看不见、摸不到的无形的元素，达到对特定知识和理论的理解。数学中的各种符号隐喻的运用也是如此，比如正数、负数、实数和虚数等，假若抽去这些形式化的系统，那么这些学科将会更加复杂、抽象和难以理解。因此，我们可以将诸如物理学、数学这样抽象的学科解释为隐喻性的重述，并通过形式化的喻体使人们理解抽象本体，形成对特定学科的认知表征，达到对科学理论的掌握。不仅如此，隐喻在社会科学、文学中的运用也必不可少，尤其是在诗词中大量地使用隐喻，既形象生动，也能言简意赅地表达非常复杂的心情、意境、韵味等。

概言之，作为重要的认知手段，隐喻已经广泛地被应用于生活、研究等各个领域。不仅如此，隐喻还可以利用不同领域、不同学科概念之间的联系，形成横跨不同范畴的综合认识与系统认识，进行科学研究和推理，使人们更加灵活、贴切地形成对事物、科学的认知表征。因此，隐喻的认知功能渗透在方方面面，以一种特殊的方式达到人们对事物的了解。在研究知识表征的过程中借助隐喻的认知方法解释知识在人脑中是怎样表征的，并借助隐喻使人们的知识水平得到拓展和提升是十分必要的。

（二）隐喻在知识表征中的运作机制

知识如何表征是一个抽象的问题，但借助于隐喻的方式可以使我们通过直观的、易于理解的事物来达到目的，那么这个过程如何完成，即隐喻的工作机制是什么？隐喻是由其构成因素及所有相关因素等在动态综合作用下所产生出的结果，因此我们需要结合隐喻的结构、特征等相关因素分析隐喻在知识表征中的作用。

概念隐喻理论认为，隐喻是语言使用者在源域和目标域之间单向的映射中构建而成的，源域和目标域是构成概念隐喻的基础。弄清如何在知识表征中选择适当的隐喻、本体和喻体之间的关系是非常重要的。比如将 A 看作 B，A 是源域，B 是目标域，那么 B 要具备什么样的特性才能代表 A 呢？两个认知域之间的关联是隐喻的关键。因为人类在最初产生原始意识时，对周围世界的认识是含混不清的，要经过长期的认知与经验的积累才能逐渐发现，并寻找适当的语词来表达意思，这样，具体的概念 B 就首先被抽离出来，人类逐渐有意识或无意识地创造了隐喻的语言。

之所以选择 B 而不选择 C 或 D，是因为 A 与 B 之间的内在相似性。只有相似，隐喻才有可能，隐喻的意义也才有可能，“相似性是隐喻赖以成立的基本要素”[①]，而且这种相似点既可以是预先存在的孤立的相似点，也可以是新造的。在相似性概念的选择中，首先是选择语义的相似性，通过转换语言中原有概念的内涵与外延，使词义发生延展或变化，故意地“偷换概念”，达到以一种事物喻指另一种事物的效果与目的。例如，在“时间是金钱”的命题中，金钱代表珍贵的意思，以金钱当作时间的隐喻意思就是想要表达时间和金钱一样很宝贵，必须有效管理，不要随便浪费。又如，计算机病毒就是通过病毒与细菌的某些相似特征而发明出来的，通过人们所熟知的细菌的特征，即细菌是许多疾病产生的原因，因此将细菌的特征与病毒的特征联系起来，从而发明出病毒概念。当然，在寻找本体与喻体的相似性时，也要注意同一喻体与不同的本体会产生不同的意思与意义，究竟是哪个意义则依赖所使用的语境。

在这里我们尤其要强调，隐喻不仅是修饰手段，更是一种认知表达和思维方式，因此作为知识表征的方法，隐喻中认知域之间的相似性并不能只是注重语义的作用，而应将语形、语义和语用都综合起来，结合语境对知识做出判断。马蒂尼奇（A. P. Martinich）认为，“一个句子在使用上表达的是字面意义还是隐喻意义，取决于其使用的语境”[②]。任何知识的获得都离不开语境，这里的语境是一

① 束定芳. 2000. 隐喻学研究[M]. 上海：上海外语教育出版社：172.

② Martinich A P. 2001. The Philosopher of Language[M]. Oxford: Oxford University Press : 457.

种认知语境。

认知语境的概念是丹·斯珀泊（Dan Sperber）与迪埃钰·威尔逊（Deirdre Wilson）在 1986 年合著的《关联：交际与认知》一书中明确提出的。同传统的语境不同，认知语境既可以是语言环境，也可以是情境环境，还包括主体的知识构成、文化背景等。人们在知识的获取过程中会发现有些知识在不同的情境或语境中有不同意思，这种知识和对应的语境因此在大脑中被结构化并形成特定的表象，变成认知结构单位，这样，对隐喻真正意思的判断，要根据认知结构而不能只根据语义判断隐喻传递的知识。可见，认知语境的介入，可以使认知主体更容易地确定话语的隐喻义，否则会得到错误的知识。

明确本体与喻体的相似性以及它们在不同语境中的意义，有助于人们对知识的理解和获取，但这二者之间如何作用才能使人们在这种作用中获取知识呢？这是隐喻研究的关键。从某种意义上讲，隐喻的意义是在本体和喻体之间单向的映射中构建而成的，关于这一点，概念隐喻理论有过详细的论证。不仅如此，里安农·特纳（Rhiannon Turner）和弗科尼亚（G. Fauconnier）对概念隐喻的映射机制做了更有力的补充和解释。归纳起来就是，“隐喻是连接语言和概念化的一种显著的、普遍的认知过程，主要依赖喻体和本体这两个输入空间的跨域映射”[①]。

简单地说，隐喻是将喻体的意义向本体投射的过程，通过跨概念域的意义的映射，使人们获得未知的知识，从而导致新的推理。在喻体向本体投射的过程中，所投射的是喻体概念所蕴含的认知图式（人工智能中称其为“框架”），即主体关于喻体的意义、特征等观点在大脑中形成的知识结构，莱考夫、约翰逊将其称为“意象图式”，意象图式是人类理解具体形象和抽象概念的中间连接体，它对知识进行整理加工，建构成易于被人们接受的某种组织形式或某种构架模式。隐喻的映射就是通过人们对喻体的认知所形成的图式的映像来获得知识本身。

“图式”一词最早出现在康德的《纯粹理性批判》中。他认为，“知性与感性之间，概念与对象之间，主体与客体之间要结合统一起来必须有一个中介，这个中介一方面与范畴同质，另一方面又与现象无殊，这样都能使前者应用于后者。这一中介表象必须是纯粹的，即无一切经验内容，同时又必须一方面是智性的、另一方面是感性的。这样一种表象就是先验的图式”[②]。这种观点对以后图式理

① Fauconnier G. 1997. Mappings in Thought and Language[M]. Cambridge: Cambridge University Press: 168.
② 康德. 1957. 纯粹理性批判[M]. 蓝公武译. 北京：生活·读书·新知三联书店: 142-143.

论的发展有重要影响，后来图式理论在认知心理学中通过巴特莱特（F. C. Bartlett，1886—1969）对记忆的研究得到发展。

在巴特莱特看来，图式是“过去反应或过去经验的一种积极组织，这种组织必然对具有良好适应性的机体的反应产生影响”[①]。20世纪70年代后期到80年代，美国人工智能专家鲁梅哈特完善了这一理论，明确提出了知识表征和阅读理解的图式理论，并被应用到人工智能、脑科学、人工神经网络系统以及语言学等领域。他将图式界定为认知的建筑块件，“是表征存储在记忆中的一般概念的资料结构”[②]。其通常是作为比单个概念要大的、有组织的知识结构或信息单元存储在大脑中，形成关于某个状态、场景或行为的记忆。

人们头脑中存储了各种各样的图式。比如，我们想到颜色就会有黑、白、红等一系列信息；想到金钱，就会有珍贵、珍惜、得之不易、不能浪费等一系列打包的信息。因此，运用隐喻进行知识表征时，主体要结合喻体的图式再结合认知语境进行推理判断，例如，“幸福像花儿一样”，那么关于花儿概念的信息就包括“美好、灿烂、鲜艳、清香”等，只有结合语境才能对喻体所要表达的具体意思做进一步的判断，获得相应的知识。

在图式的研究中，不乏研究者将框架、脚本等相近概念同图式混淆使用。作为一种认知概念，“框架”主要运用在人工智能领域，使计算机具备必要的知识，它是一种定型化情况的资料结构。脚本也是图式的一种，表征知识的行动程序和熟悉的事件顺序。在认知过程中，它把事件的角色、对象、事件的顺序等信息组织在一起，形成关于这个事件的知识结构，“这种知识结构是经常重复发生的事件序列，将这些行为序列和环境条件组织在一起，就形成了关于这些事件的知识结构，即脚本”[③]。它们无处不在，根植于人的大脑之中，它们也是一种模式，通常不会有大的改变，是各种认知过程重要的隐性知识结构，如典型的例子“在餐馆就餐的脚本”。可见，图式隐喻被用于认知的各个方面。

总之，隐喻在知识表征中的作用机制首先要选择隐喻喻体，使其与本体在语义、语境中相似，这是隐喻发挥作用的基础。之后，在喻体向本体映射的过程中，对认知语境、喻体图式的了解有助于投射过程的准确进行，最终使我们所需要了

① Bartlett F C. 1932. Remembering: A Study in Experimental and Social Psychology[M]. Cambridge: Cambridge Press: 201.

② Rumelhart D E. 1984. Schemata and the cognitive system[A]//Wyer R S, Srull T K. Handbook of Social Cognition[C]Mahwah: Lawrence Erlbaum Associates: 163.

③ Ungerer F, Schmid H J. 2001. An Introduction to Cognitive Linguistics[M]. Beijing: Foreign Language Teaching and Research Press: 213-214.

解的知识呈现于头脑中。

（三）隐喻在知识表征中的有效性

作为知识表征的方法，隐喻的作用机制是将两个在逻辑分类学意义上或常识观念中相距遥远的经验领域统合到一起，提出一个公用的语义范围使人们理解知识,尤其是诸如系统科学等复杂性科学中复杂知识的表征更需要借助一个或多个隐喻的界定或映射才能实现，可以说，隐喻的方法在知识表征中发挥着重要的效力。

但是，隐喻作为一种方法论，其发展过程曾一度遭受排斥，自亚里士多德将其作为修辞手段开发出来后，那时的自然哲学家大都鄙视隐喻手法的应用，认为依赖隐喻不能得到确定性的知识。18 世纪的贝克莱（G. Berkeley，1685—1753）就认为哲学家应该避开隐喻，19 世纪逻辑实证主义主张实证研究，偏好具有逻辑关系的推理和研究，“认为科学说明应该是纯逻辑推理的事情，科学说明在于理论语言和观察语言之间的逻辑概括、法则定律和字面意义上的演绎关系”[①]。因此，他们反对科学语言中隐喻的表达，认为那是不客观的、不科学的，不认可其在实证科学中的合法地位。在他们看来，工具的使用在科学研究中非常重要，有时会决定研究结果的科学性，而隐喻在当时就被视为陈述科学理论的不良工具。

事实上，隐喻与逻辑在意义的转换、概念的形成、知识的理解中是缺一不可的,隐喻在知识表征中的运用展示了其相应的逻辑性,使隐喻推理更具有确定性,通过隐喻获得的知识也更具有可靠性，我们可以从隐喻认知域之间的相似性与它们之间的映射作用两方面分析隐喻在知识表征中的工作机制是有效的和符合逻辑的。

首先，喻体与本体间的相似性体现了可能世界的逻辑。可能世界是相对于实际世界而言的,实际世界是我们事实上居住的世界,可能世界则是人们想象中的、抽象存在着的世界。值得注意的是，这种想象不是任意的畅想，而是依附于客观事物的，同时不违反逻辑规律的设想，世界可能成为的方式都被称为可能世界。事物除了在现实世界存在的方式外还可以有其他可能的方式在可能世界存在，在这里，可以将可能世界理解为认知世界。隐喻工作的前提和基础是本体与喻体间的类比性、相似性，但如果在任何相似性的事物之间都建立联系，也会导致严重的错误，因此喻体的选择很重要。单纯就喻体而言，在语义上至少有“字面义”和

① Hoffman R R. 1980. Metaphor in science[A]//Honeck R P, Hoffman R R. Cognition and Figurative Language[C]. Hillsdale: Erlbaum: 394-395.

“隐喻义”两种，而大多数隐喻从字面意义上理解都是假的，这是因为我们是按照现实世界的逻辑来理解认知域之间的等同关系的，所以从字面上分析隐喻语句行不通。隐喻的命题之所以为真，是因为隐喻中认知域间的相似性是基于可能世界而言的，是根据可能世界的逻辑得出的结论，是对于现实世界逻辑的一种超越。

因此在一个可能世界中为假的命题，也许在另外一个可能世界为真，命题的真假不是绝对的，其真值要根据所处的可能世界以及可能世界的逻辑意义。在世界 W 中，若 A 是 B 为真，则该形式包含着 A 与 B 二者在数量或形式上等同的意思，还包含着一种语义的类比性和相似性，即“在世界 W 中，存在情境 S 与 T（在这里，情境指的是逻辑空间的组成部分，包含拥有某些性质的个体及其相互之间存在的某些关系，当然不同的情境或语境就会有不同的对应关系），当且仅当 S 类似于 T 时，那么存在函数 f 使 S 中的个体（或事件或性质）与 T 中的个体关联起来，函数 f 通常称作一种类比映射函数。更明确地说，f 就是一个对应物函数，如果 A 是情境 S 中的，那么 T 中的 $f_{(A)}$ 就是 S 中 A 的对应物”[①]。这种可能世界中的对应性所体现的函数，是源对象集到目标对象集的一个函数，通过这种函数关系，确定了函数两边的 A 与 B 二者语义的类比关系。

这种可能世界的函数关系给隐喻的有效性提供了合法性地位。隐喻在认知功能及其方法论的体现形式上基本都可以用“A 是 B”的形式表达，其中“是”体现了隐喻对应物之间的逻辑关系，体现了 A 与 B 之间的语义的相似性。不仅如此，可能世界中的情境 S 与 T 也类似于隐喻中认知域所处的语境。因此我们知道，若以我们所处的实际世界的逻辑了解隐喻，即通过隐喻认知域之间的字面意思理解二者的关系，那么隐喻命题是不成立的，更谈不上它的认知功能，而在隐喻可能世界中，它的语义学逻辑则为隐喻提供了良好的资源——逻辑空间、情境、对应物等，而隐喻也体现了在认知这个可能世界中对模态逻辑的具体运用，是一种对可能世界逻辑的尝试性把握，体现了隐喻方法在知识表征中的作用及有效性。

其次，隐喻的映射机制体现着模糊逻辑的特征，保证了隐喻真值的合法性。模糊逻辑是一种模仿人脑的不确定性概念判断、推理的思维方式。模糊逻辑旨在对事物进行模糊综合的推理与判断，而不是寻求一种非此即彼的答案，以此解答依靠常规方法难以解答的问题。因为在寻求知识的过程中，并不是所有的问题都有确定的答案，也有许多中间值的存在并有着独有的意义，这种中间值就是逻辑谓词的开放性。

---

① Steinhart E . 2001. The Logic of Metaphor[M]. Dordrecht: Kluwer Academic Publishers: 4.

模糊逻辑是对二值逻辑推理的超越，二值逻辑认为一个命题要么真，要么假，命题的真值在逻辑代数中用0和1来表示这两种对立的逻辑状态。而模糊逻辑则认为命题的真值不是绝对的真或假，有可能存在中间值，或连续的值，它的真值可以在[0，1]这个逻辑区间取值，这样，模糊逻辑的开放性就为隐喻的合理性提供了空间。

隐喻喻体的选择和作用传递着抽象本体的信息，在知识表征的运用中，隐喻本体和喻体的概念分别属于其所具有的属性的集合，或属于分别由它们的内涵和外延所构成的集合，二者分属于不同的集合。我们分别用A和B代表隐喻中的本体和喻体，若根据传统的二值逻辑表示二者的关系，则必然会得出“A是B”命题为假、A≠B或这个命题的逻辑取值为0，因为隐喻中的本体和喻体并不是完全相同的，二者分属于不同的集合。但根据模糊逻辑的开放性，我们知道隐喻本体和喻体所属的集合中有相似的元素或属性，这就可以通过对它们进行逻辑解释，从而达到二者之间的映射关系，也就是说，我们既不能认为A=B，也不能说A与B之间完全不同，因为在它们分别所属的集合中，有不同的元素，但也有相似的因素或属性，这种相似性使“A是B”这个命题的逻辑取值在[0，1]的范围内，二者所属集合中的相似性因素越多，该命题的逻辑取值就越趋近于1，反之就趋近于0。

例如“时间就是金钱”这个隐喻，根据本体时间的概念内涵和外延，它处于集合A：{一种度量衡、参数、宝贵、不能浪费……}中，喻体金钱在集合B：{流通手段、劳动所得、交易媒介、宝贵、不能浪费、财富…}中，A与B两个集合不完全相同，但组成二者集合的因素中有相似的因素存在，因此二者的逻辑取值范围是0＜“A是B”＜1，其中，相似性因素越多，取值就越接近1。这两个集合中因素的相似性恰恰就是隐喻成立的基础，它使得隐喻具有暗示性和认知性。

概言之，可以肯定的是，隐喻本体集合中所包含的元素成为喻体集合元素的可能性越小，那么该隐喻就越具有逻辑解释的可能性。因此，以逻辑方法解释隐喻的机制，可以证明隐喻作为知识表征方法的有效性、合法性，能更加生动地传达所要表征的知识。

（四）隐喻方法在知识表征中的意义

第一，隐喻方法的有效性和合法性有助于知识得到更加准确、直观的理解和表征。认知科学在知识表征的研究中就用到一些典型的隐喻，如计算机隐喻、神经网隐喻、记忆的库隐喻等。当然，也有其他一些与知识表征相关的认知因素，如记忆、物理环境等，对这些抽象概念的理解也借助了隐喻，如用“留声机”“文件柜”“库”等隐喻映射大脑中的记忆信息，用认知地图的隐喻方法研究知识所处的物理环境并理解环境所包含的意义。对知识表征进行研究的方法有多种，每种方法又都有自己独有的特点，隐喻在知识表征中的运用就实现了自身的价值，提高了科学论述的有效性。

第二，隐喻方法的灵活性和弹性，有助于人们自由地获得关于自身和世界的知识。在某些情形下，隐喻具有其他思维方式无法拥有的作用，如果科学研究完全依靠仔细的观察和严密的逻辑建立其理论，那么就会丧失某些意义。隐喻方法在知识表征的运用过程中，意义的产生是由指称错位或范畴错位所造成的，人们在理解时可根据指称的语境获得知识，隐喻在知识表征中体现的不仅仅是认知域之间意义的转换和获取，也体现的是一种意义的创造。它能为知识的研究引入新的概念或术语，创造新的语义内涵，使语言符号获得新鲜感和多义性，独特而有效地获得更多知识。这种新的语义的获得，有时也会体现为再隐喻化的过程，有助于知识的扩展，如计算机科学中的“病毒”“鼠标”等隐喻词汇。

第三，隐喻方法的联想性和想象性，有助于人们在知识表征、知识获取的过程中“由此及彼”地进行联想和想象，从而为知识表征的多样性奠定基础。虽然说隐喻方法具有不可测量、不可实证的特征，但并不意味着它阻挠了知识的表征和科学问题的发现，相反，正是这种“由此及彼”的联想与想象的思维方式，使得它作为一种方法在运用时能够审时度势、合情应景、进退自如，并能够在表达时随机应变、巧妙灵活。因此，隐喻方法不仅能在科学知识的表征中发挥其效力，而且在文学知识的表征中挖掘了文化的内涵和多样性，如诗词、歌赋、哲理等的理解都是通过隐喻方法得知的。这些隐喻不仅可以引导我们思考某些知识，亦可以对人们有所启发，还可以激发人们的某种情感，等等。因此，隐喻认知具备创造性思维所具有的立体的洞察力，这种效力是实证、实验等标准化的方法所不具备的。

第四，隐喻方法的易理解性和清晰性，有助于人们的理解和认知，从而推进科学的创造和发现。科学真理的发现离不开科学方法的运用，隐喻作为一种经过长期实践检验的研究方法，为我们认识理解知识表征提供了一个可靠的工具。在一定程度上，隐喻方法的引入是知识表征研究更趋科学、更趋完善的必然结果，因为人们认识的无限性和知识表征的有限性，决定了人们的认识始终要经历一个由模糊到清晰的过程，人们对知识的研究也必然经历由模糊到清晰的过程。在这一过程中，尤其是知识概念的模糊阶段，隐喻为人们进一步认识知识、进一步诠释知识提供了一种手段，这种手段为尚处于模糊阶段的知识研究提供了一个参照体系，这个参照体系使本来模糊的知识概念变得清晰和形象，进而促进科学的进步。

第五，隐喻方法的简单性和类比性，有助于人们在知识表征中化复杂为简单，化抽象为具象。隐喻是依靠两个“不类而比”的事物之间的张力，使认知主体触发联想与想象，激活隐喻的认知图式，在常态的认知意义被破坏后，很自然地就把人的思路引到重组认知的路子上来，并用简洁的语言，展现已知信息，及时复活事物间本来就存在的联系，同时还可以通过类比获得意想不到的新的隐喻知识。

总之，隐喻方法可以使我们依据已知的、熟悉的知识系统达到对未知的、陌生的事物的理解。当然，隐喻方法也有其固有缺陷，如不具有可测量性、不具有直观性等，因此，在知识表征的研究中，有些知识的获取还要借助于其他研究方法。

三、模型方法

同隐喻方法一样，模型方法也是探索并研究人的认知机制的重要方法之一，由于“大科学”时代科学研究的复杂性、思维与认知的抽象性，人们难以对思维中的抽象事物进行直接观察和把握，因此要通过人工智能对人脑进行形象的模拟，使人的内在认知机制通过直观、可视的模型得以表达。

（一）模型的本质

在人类的发展过程中，随着自然、社会以及科学研究复杂性的提高，依靠单纯理性思维的方式已经不能清晰地表达和解释许多现象，构建模型则成为人类在认识自然、社会与人类思维中的一大创造，并成为科学研究的手段和方法。

“模型”（model）一词，最初起源于拉丁文 modulus，主要有样本、标准和尺度几方面的含义，随着不断地发展，模型的含义也不断扩展并被运用在许多领域。所谓模型就是通过图标、符号、公式、概念等形式建立与原型在功能、外形或者特征上相似的系统，是对事物原型的映射和表征。

模型可以反映原型的特征与本质，在许多领域都被视为有效的方法并用于研究中。模型的种类有很多，包括实物模型、现象模型、计算模型、数学模型、解释模型等多种形态。抑或可将其分为实物模型（如人们为了某种需要而建的飞机模型、发动机模型、人造卫星模型、宇宙飞船模型等）和理论模型（如物理模型、认知模型等）。当然，作为一种研究方法或工具，模型的构建并不是随意、主观的，要依据以下几个特征建构，或者说模型具有以下特征。

1. 简单相似性

模型是对无法直接观察的抽象事物通过一种直观的方式进行表达的方法，作为一种中介或者替代物，模型研究的结果同样对原型也是有效的和通用的。模型的建立主要是为了表达原型某一方面的特征或本质，是对原型的映射，但这种映射并不是对原型在大小、形状、功能等方面所有特征的一一映射，而是在对原型进行具体分析的基础上，按照研究者的研究目的与研究性质，尽可能准确、简单地把握其关键、本质特征，截取事物原型的某一特征或某一片段，舍弃原型中次要的、无关大局的因素，建立一种理想化的模型。因此，模型与原型之间在本质上是相似的，通过这种相似性，模型能够简单而又有效地发挥作用，对事物的本质进行把握，达到研究的目的。

2. 形象直观性

人类的思维是抽象的，人们很难对抽象的思维进行把握，但抽象的思维仍然具有直观性的基本要求，大脑可以对抽象的思维进行相对形象的勾勒，形成一幅图景，并通过直观形象的模型将其表达出来。因此，在对人类思维或认知进行研究的过程中，形象化具有促进和启发思维的作用，能够促进对理论的理解。形象化具有直观性，容易被记忆，而且通过对模型的测量可以对大脑中的思维更精准地把握。麦克斯韦曾指出将抽象概念转化为形象的事物更容易使人理解；数学家斯蒂恩（L. Steen）也说过："如果一个特定问题可以转化为一个图形，那么思想就整体地把握了问题。"①

3. 开放动态性

模型的建立是为了对事物原型进行某些方面的研究，由于模型是在相似性的基础上建立的，因此，只是在特定程度、特定条件下具有适当性，并正确反映原型事物，在模型与原型之间仍存在不同程度的偏差。鉴于此，研究者对模型进行操作研究后，将模型的研究结论与原型进行比较和检验，针对其中的差距，可以通过进一步地查阅资料、积累数据对原来的模型进行改造或者完全抛弃并重建新

---

① 张琼，于祺明，刘文君. 1990. 科学理论模型的建构[M]. 杭州：浙江科学技术出版社：17.

的模型，使其不断完善，无限接近事物的原型，最终成为一个合理、科学的表征系统，代替原型参与到科学研究中，这就体现了模型的动态性与开放性。

另外，由于模型的开放性，模型可以体现主体与客体的互动，因此，针对同一事物原型，不同的主体可以建构不同的模型对事物予以表征。不仅如此，随着研究的深入以及科学的不断进步，模型也是不断变化的，甚至可以推翻已经成熟并在当时认为是科学的模型，建立符合最新研究结果的模型。例如人们信奉已久的托勒密的“地心说”后来被天文学家通过观察与研究所建立的“宇宙模型”所代替。

因此，模型的建立是多种知识与方法的灵活结合，认知主体在以原型为依据的前提下，要充分发挥其创造性思维，大胆提出设想，运用适当的类比与推理，并严谨地执行归纳与演绎思维，建立合理有效的科学模型。

（二）模型的认知表征功能及其有效性

1. 模型是主体认识世界的桥梁

作为科学研究中的重要方法，模型可以说是处理问题的一条捷径，它可以使复杂问题简单化，因此，模型在科学研究中发挥着重要功能。

模型的相似性、形象性可以在科学研究中对科学理论进行解释说明。在物理学中，人们无法直接观察抽象的“原子”“分子”“夸克”及其运动的规律，但模型可以给予其图像化、公式化、符号化的模型说明；另外，模型也具有替代功能，出于伦理道德的考虑，在科学研究尤其是在生物科学研究的过程中，许多实验如对基因的研究、对大脑的研究等并不能直接在人体上完成，也无法通过肉眼进行观察，这就需要通过模型的替代功能完成实验研究。例如，通过 DNA 双螺旋结构模型对人类基因进行配对研究等。当然，科学研究中模型建构的最终目的就是实现对科学本质的了解与把握，并且模型在科学研究中的其他功能最终也是为了实现对科学研究本质的了解，形成人的认知，因此，模型的认知表征功能是模型最根本的功能，也是科学家主体建构和运用模型的最终目的。

模型的认知表征功能是基于模型的基本特征实现的，表征是事物在头脑中的再现，是事物信息在大脑中的一一映射。而我们知道，模型并不是对事物原型的一一映射，是根据研究的目的进行的针对性选择，是对事物原型部分、抽象的反映，以此将原型的本质特征通过模型得到表现，通过模型达到对事物的认知。

此外，同表征相比，模型并不是对原型事物被动、白板式的映射，而是由认知主体构建，因此，模型也作为一种心智存在于大脑中，人们根据一定的科学理论，形成关于事物原型的心理图式，最终通过建模将这种心理图式表达出来，可见，模型是一种能动性的构建。在我们看来，一个模型既能体现人们对事物所形成的认知、反映人们的心智过程，同时也可以体现这种心智过程与客观事物、理论体系相结合，合并为一种理论与方法，共同形成关于事物的知识。并且，越是抽象复杂的科学越要借助模型的表征功能实现对科学的认知，促进人类思维的发展。

2. 模型是不是虚构的

鉴于模型的认知表征功能，模型在科学研究领域中被广泛应用，无论是在社会科学还是在自然科学中，都成为科学家广泛使用的工具，但模型的相似性特征，使它和原型不是同构的，没有反映事物的所有属性，这就使模型作为一种科学研究的方法曾经一度被轻视。早期的逻辑实证主义者就是如此，在他们看来，科学知识的产生是以逻辑实证为基础和依据的，而模型的构建则是虚拟的产物，不能构成经验，因此，不能作为产生科学知识的依据，而仅仅是科学理论的附属品。迪昂（P. Duhem，1861—1916）也认为，“描绘部分通过理论物理学的适当和自洽的方法一直在它自己的基础上发展；解释部分已经达到这个充分形成的有机体并且像寄生虫一样将自己依附于它”[①]。

之所以会产生对模型可否成为科学研究方法的质疑，无非两个原因：其一，作为无法直接观察对象的替代物，模型的构建不是对原型的一一映射，有些模型的建立仅仅是按照原型的功能、原理等相似性建立的，但结构完全不同；有些模型则根据研究需求，仅仅提取的是原型中的部分因素，与原型部分同构，甚至还有些模型的建立则是出于没有原型的情况而建的。其二，不同的事物原型，其模型也不相同，但却可以有相同的结构。这两个原因使人们对模型方法的客观性产生怀疑，甚至称模型为虚构的东西，这种“模型系统的虚构观”[②]（fiction view of model-systems）近年来已引起关注，2009 年出版的论文集《科学中的虚构：关于建模与理想化的哲学论丛》就足以显示对这个问题的关注度。

首先，不可否认，无法直接对事物进行观察、研究而借助于间接的模型方法，必然渗透着模型建构者大胆的想象、猜测、推断、设想，尤其是现在社会的复杂性以及人与社会的交织，一个社会现象可能包含着各种复杂的变量，但模型的操

---

① Duhem P. 1954. The Aim and Structure of Physical Theory[M]. Princeton: Princeton University Press : 32, 93.

② Suárez M. 2009. Fictions in Science: Philosophical Essays on Modeling and Idealization[M]. London: Routledge: 77-90.

作并不能做到包罗万象，必然会与事实出现偏差，这是模型本身的不可抗力因素导致的。其次，模型的构建是主体的行为，因此必然会受主体的主观性影响，针对同一现象，不同的科学家会建构不同的模型。针对模型的这些先天性缺陷，模型确实无法对原型如实报道，但恰恰也是这种特性使得模型更容易模拟抽象的事物。与文学的虚构性不同，尽管二者都是依靠主体的观察与想象对现实世界的反映，但模型具有认知功能。它的建构以客观性为依据，以科学严谨的态度为前提，在此基础上利用万事万物间的关联发挥创造力，并逐步推进认知。

（三）认知模型在知识表征中的运作机制

模型具有认知表征功能，通过模型能达到对事物本来现象的认知，因此模型的运用十分广泛。作为研究人类认知与思维的新兴学科，认知科学的研究对象具有抽象性，并且也会受伦理道德的限制。这样，认知的形成与产生过程无法直接观察或在人体进行试验，尽管有些实验可以通过动物进行，但仅能反映人的一些诸如刺激反应等简单性方面，不能完全模拟人的高级层次的智能。同时，“考虑到认知科学研究的巨大复杂性，研究认知科学往往摒弃认知的许多表象，而将认知的实质简化在一个认知模型中，并通过对认知模型的研究来发现认知的本质及其规律”①。这也是不得已而为之的简化之举，作为一种人的思维的替代，认知模型是集认知对象、认知架构、认知模拟于一体的，知识表征过程作为一种思维过程则可以通过认知模型得到体现。

知识表征过程的实现模型是以计算机隐喻为基础的，通过计算机的智能性对大脑进行模拟，将知识的表征在大脑中依靠记忆、推理、判断等心理活动得到的过程通过对计算机进行信息的输入、编程、输出实现。1977年，美国斯坦福大学计算机科学家费根鲍姆（E. A. Feigenbaum，1936—　）教授在第五届国际人工智能会议上提出的知识工程（knowledge engineering）概念，就把人工智能系统看作一个知识处理系统，而知识获取、知识表征和知识利用则组成了人工智能的三个基本问题。可以说，认知科学的发展很大程度上是因为人工智能的发展，尽管人脑的智能性与复杂性使计算机不能完全代替人脑，但其计算机模型对知识表征过程的模拟可以非常近似地表达大脑运行系统。

传统认知科学时期，基于对知识表征的两种不同范式研究，形成了两种不同

① Cooper R, Fox J, Farringdon J, et al. 1996. A systematic methodology for cognitive modeling[J]. Artificial Intelligence, 85(1-2): 3-44.

的观点，对应两种不同的模型。

1. 符号主义的认知模型研究

在符号主义看来，知识通过符号的计算得以表征。通过将现实世界中的事物符号化，进行计算机的二进制输入，并对其进行编程、计算、模型化表达。因此，大脑是一种计算机模型，通过计算机的符号操作，可模拟大脑中的知识表征。符号主义模型在其不断完善、发展的过程中，通过一阶谓词逻辑、语义网络、产生式系统、框架等一系列的知识表征方法，分别建构了通用问题解决（general problem solver，GPS）程序，初级感知记忆（elmentary perceiving and memory，EPAM）系统，语义网络模型（hierarchical network model，HNM），状态、算子和结果（state，operator and result，SOAR）模型，机遇问题求解（opportunity problem solving）程序，思维适应性控制（adaptive control of thought，ACT）模型等实现知识表征的程序。

通用问题解决程序是纽厄尔与西蒙最先发明的模型，能够解决简单命题演算、计算编程等问题，从此之后大大鼓舞了认知主义者，相信不只是大脑可以完成认知，进而不断完善计算机模型的替代功能。语义网络模型的建立也是关于知识表征的模型，是柯林斯（H. Colins）与奎利恩关于语义知识的里程碑式的研究，主要通过概念的语义之间相互的连接形成语义网络来实现知识的表征。但受当时计算机发展水平的限制，计算机中知识库的存储不可避免地会受到影响，虽然该模型有一定的有效性，但也有不可避免的局限性。

ACT 模型是最完善的关于知识表征的假设模型，于 1976 年由安德森提出，并经多次完善后形成解释人类认知过程工作机理的理论模型（ACT-R）等版本。该模型不仅可以对大脑中长时记忆的内容进行表征，还以“产生式”为核心概念，认为不需要区分语义记忆，而只需要区分工作记忆、陈述性记忆以及程序性记忆，就可以对知识进行表征。其中，工作记忆是系统当前使用的信息，陈述性记忆能通过词语、图画等进行回忆，外显地进行表征。而程序性记忆则可以用“如果 X，那么 Y”的产生规则进行表征，产生规则并不局限于语言，而适用于各种认知活动，以内隐的方式进行。认知主体通过对外界的视觉刺激形成工作记忆或陈述性记忆暂时缓存在大脑中以备适时地激活，陈述性记忆的知识以组块的形式表征并形成各个知识点的连接，当陈述性知识被激活时，产生式也被激活，从而激活程序性的知识。

符号主义的认知模型并不仅限于此，还有一些其他模型的探索，如 1986 年由纽厄尔等开发的状态、算子和结果模型。这一模型应用的范围也特别广泛，是一个通用的认知模型。

当然，每个模型在当时的计算机发展水平以及理论水平的背景下都有其合理性和适用性，但也有缺陷，即不能解决背景知识的表征。因此，随着联结主义范式的兴起，关于知识表征的模型也被相应的联结主义模型所取代。

2. 联结主义的认知模型

不同于符号主义的认知模型，联结主义的模型是通过模拟人的神经网络体现的，各个信息之间是分布存储并协同处理的，信息节点之间呈网状互相交织。尽管单个节点的结构及功能非常简单，但由它们有机构成的网络系统却能实现强大的功能，因此能够迅速地反映各种心理过程。作为一种模拟人脑的智能系统，联结主义模型是对人脑思维的形象表达，是一种全新的方法和途径，该模型不断发展和成熟，已经成为认知研究中的重要分支。

比较知识表征的符号主义与联结主义两类认知模型，目前的研究以联结主义模型为主，但符号主义模型在特定的研究领域和研究状况下也有其突出作用。事实上，每一种模型都有其存在的合理性与适用性，也都有不能胜任的领域，例如符号主义模型不能体现背景知识的表征，而联结主义模型则不能模拟人的逻辑思维过程，因此，单靠其中任何一种模型解决知识的表征问题都是不现实的，而应互相取长补短，无论是从模型到算法，还是从理论分析到理论研究都应实现一定程度的综合。当然，两种范式的倡导者也都意识到了这一点，逐渐实现了两种模型的融合，诸如亨得勒（J. Hendler）的混合模型、安德森的解释人类认知过程工作机理的理论模型①等。

3. 新的认知通用模型

继符号主义与联结主义模型之后，认知科学家并没有停止对更完善的认知模型的探索，近年来，已经取得一些阶段性的研究成果，并已投入应用，例如我国学者张文修等研究出的粒计算认知模型、李小勇等提出的动态信任预测的认知模型，以及贝叶斯（T. Bayes，1702—1763）的信任预测认知模型，这些认知模型在特定的认知领域及应用领域能发挥重要作用。例如在信任模型中，认知主体可

---

① 熊哲宏. 2002. 认知科学导论[M]. 武汉：华中师范大学出版社：123-131.

以根据感应器获知周围状况，避免突发状况，这就可以运用到矿井环境中，可见，这些模型结合应用发挥着很大的作用。但是，对人的智能而言，认知过程或者知识的表征过程是一个系统的整体，模型的建构应该具有综合性及普适性，具有信念功能的认知通用模型较以往的模型而言，更具有合理性与全面性。因为与以往知识表征模型中仅仅涉及人的理性因素相比，该模型的设计中加入了偏见、信念、片段记忆等非理性的因素，使模型具有感知、信念、推理、记忆、学习、行为等功能，更贴近人的实际表征功能。目前，该模型正处于研究的初级阶段，在模型中信念模块的构造上还需要进一步完善。

作为知识表征中的一种直观的方法与工具，模型的运用是不可或缺的，能直观反映知识的表征过程，并且，随着人工智能的发展，模型的开放性使其不断地调整和完善，逐渐适应并模拟大脑神经运行状况，因此，能更贴切地反映人的大脑的运行状态。

四、思想实验方法

（一）思想实验方法的本质与特征

在知识表征的研究中，古希腊时期以自我反思为主，而在近代哲学时期，随着自然科学研究热潮的到来，经验论者主要借助于测量、计算、实验等经验研究的方法对知识的产生进行研究，认为只有这样才能获得精确科学的自然科学知识。例如著名的伽利略实验、牛顿由苹果落地而受到启发的重力研究实验，都借助于观察等定量分析的方法完成。这种追求精确性的经验研究方法，后来在逻辑实证主义对知识表征的研究中更进一步地发挥，在逻辑实证主义看来，科学知识由逻辑语言构成，因此在知识表征中要对科学语言进行逻辑分析，并强调经验是不可错的，既是意义的唯一来源，也是知识的唯一来源，只有通过经验、实证的方法得来的科学知识才具有普遍性。不仅如此，认知心理学对知识的研究也是依靠运用外在的实验研究达到对人的内心认知的目的。可见，在个体知识的表征中，观察、测量、实验等经验或实证方法的运用发挥着重要作用。

笔者认为，大多数方法并不是单独运用的，它的操作往往首先是根据人们在大脑中的假设或预设而发生的，再通过实际的实验操作进一步论证。当然，由于学科领域不同、知识的分类不同，或者受客观条件的限制，有些知识不能通过直观的经验或实验获得，而只能依靠大脑假设、预想的实验来完成。认知科学在研究知识如何表征的过程中，往往会由于认知的抽象性，不能直接对大脑中知识的运输过程进行研究，这就需要借助假设的情境或虚拟的实验使人们直观地了解其运作机制，从而了解抽象的知识。例如，惯性定律、爱因斯坦的相对论等，无一不是通过在大脑中假设或预设的实验研究方法即思想实验的研究方法完成的。

1. 思想实验与现实实验的区别

思想实验，顾名思义是在思想中进行的实验，是“无须实施就达到其目标的实验”[①]，因此，思想实验也是一种实验，它与通常所讲的实际操作的实验非常相似，都是知识表征的方法，但并不完全相同。

通常我们所认为的实验是一种可实际操作的物质的实验，实验在特定的场景如实验室或特定情境中进行，是在理论的指导下并伴随着观察、计算、操作等其他方法的过程。简而言之就是由理论或背景到现象，最后获得结果的过程。

思想实验的进行则无须在特定的场合借助一定的实验设备进行，是有别于真实实验的一种理性思维活动。它是在无法依靠现实的实验进行操作的情况下，在大脑中设定特定的情境、条件来完成的实验，以预测某种假设。因此，思想实验“完全在思想中，仅仅凭借简单的片言只语，就像用魔法设计了一个实验一样，然后我们也是在头脑中跟随着，重复……就知道了解题思路，有时候我们会有一种豁然开朗的感觉”[②]。换言之，这种大脑中的对实验的构建和运行与真实的实验是相似的，这种相似不论是就实验的目的、原理而言还是就实验的步骤、结论而言都是一样的。二者同属于实验的范畴，有着相同的构成要素和研究的价值，都承担着知识表征的功能。

但值得注意的是，二者在实验的步骤与结论上有很大差别，尤其是在实验的条件方面存在很大差异，当然，也正因如此，才导致了二者的存在和不同。现实实验的存在是在能达到假设或设想条件下的一种模型，与理论上的要求必然存在一定误差，而思想实验则是一种条件理想化的实验，一切实验条件都丝毫没有偏差。因此，随着发展，一旦现实中的条件满足思想实验中的条件，思想实验可以转化为现实的实验，当然，也由于一些思想实验的特殊性，它们永远不可能转化为现实的实验。

现实的实验作为实证研究中的一类研究方法，与思想实验有本质的区别，但

① Sorensen R A. 1992. Thought Experiments[M]. Oxford: Oxford University Press: 205.

② Norton J. 2004. On thought experiments: is there more to the argument[J]? Philosophy of Science, 71(25): 1139-1151.

作为知识表征的方法，二者在哲学和自然科学中都发挥着重要的作用，可以通过各自的操作程序和操作规则达到对研究对象的认识。

2. 思想实验的特征

通过与现实的实验相比可知，思想实验与其虽有相似的地方，但并不相同，思想实验有其独有的特征。

思想实验的进程是理想和抽象的。思想实验的进行是在现实条件不具备的条件下通过主体的预设在其思想中模拟实验场景进行的，实验的各项因素是理想化的、抽象化的，实验的进程也都是在纯粹的意识中进行的，不受任何客观条件的限制。普特南的“缸中之脑”实验就体现了思想实验的抽象性和理想性，他在《理性、真理和历史》一书中，阐述了这一假象的实验：一个人被邪恶的科学家摘掉大脑，将大脑放到某种维持大脑生命的液体中，另一端，将大脑的末梢神经连接着电脑，电脑可以将外在世界的信息传输到大脑中，还可以向大脑输入之前的记忆，使大脑和之前的运行状态完全一样，这个实验的设计是为了说明“如何证明人周围的世界是真实的而不是由电脑控制的”。由于实验的特殊性，只能通过理想性的实验来完成。

思想实验的情境是虚拟的。思想实验是在特定情境下产生的，是认知主体在特定情境下的体验，如果认知主体进不到情境中，思想实验就不可能发生，当然，这种情境是认知主体大脑中想象出来的虚拟的场景和空间。著名的“中文屋”实验，就是塞尔提出的一个虚拟情境，该思想实验的提出，是塞尔为了反驳当时盛行的强人工智能。强人工智能通过类似人脑的智能体——计算机来模拟人的认知与智能行为，在强人工智能看来，计算机可以模拟人的一切心理过程，将计算机对人的认知过程的计算与表征完全等同于对表征内容的意义和内涵的理解。为了反驳这种观点，塞尔设置了“中文屋”实验：将一个只懂英文不懂汉语的人关在一个有两个窗口的屋子中，屋子里有可以进行中英文对照的规则和说明书，那么，如果从一个窗户向屋子里的人传递写有中文符号的纸，那么屋里的人就会按照中英文说明书将递进的纸与汉语相匹配，并将纸从另一个窗口传出去，就像计算机设备的工作原理一样。塞尔设置这样虚拟的中文屋是为了说明，虽然屋子里的人传出去的纸上的汉字是按照规则进行了相应的正确处理，也确实能通过图灵测试，但其并没有真正理解纸上汉字的意思。如同计算机的操作，只是按照程序对符号进行操作，没有真正了解符号所包含的意思，因此，计算机只能理解语法但不能理解语义。同样，普特南关于“孪生地球”的实验也体现了一种情境的虚拟性。

思想实验是抽象理想的，实验设计的情境也是虚拟的，这是因为思想实验仅是人们思想中的呈现。这个过程没有仪器设备的监测，也没有观察者的介入等可感知的物质内容，而是科学家凭借假设等在思想中进行的一种设想，并通过思想实验论证这种设想是否合理。但是，实验的操作过程并不是科学家随心所欲、天马行空的想象，其过程同现实实验过程一样，有严格的逻辑思维过程。爱因斯坦在关于黑体辐射的波粒二象性的实验中，为了论证黑体辐射的波粒二象性，他通过设想用理想气体、黑体辐射等来论证黑体辐射的波动形式，其过程描绘得十分烦琐、有逻辑，如同真正的实验过程。另外，布朗（J. R. Brown）在关于思想实验的研究中，以惠更斯（C. Huygens，1629—1695）关于“人在岸上与船上两个人手中的小球相碰撞时会产生的情况”所进行的思想实验为例，尽管其实验过程在头脑中进行，但其假想的步骤如同真实实验操作程序一样。因此，思想实验的似真性也是其基本特征之一，也正因为这样，其才能更加令人信服，更加能使人理解事物或现象的本质并更有效地预测事物的发展状况。

通过与现实的实验相比较，我们能更加透彻地了解思想实验与之不同的地方，更有利于把握思想实验的本质与特征。

（二）思想实验在知识表征中的认知功能

通过论述可知，思想实验是在思想中进行的实验，并且过程具有似真性，那我们可否认为思想实验的结果完全正确、科学呢？如果这样，是否可以主张思想实验代替现实的实验呢？毕竟这样会节省实验的成本。但事实并非如此，思想实验是在现实条件不能满足的情况下在思想中完成的，一旦满足现实条件，就应进行现实的实验对其论证，或者以另外可满足条件的相似实验进行验证。亦如马赫（E. Mach，1838—1916）所认为的，“思想实验的结果是如此明白确定，以至于在进行思想实验的那个人看来，似乎没有必要借助物理实验做任何进一步的检验，无论这是正确的还是错误的。但是，其结果越是不确定，则思想实验越是需要物理实验作为其自然的继续，由物理实验判明和确定思想实验”[①]。例如，爱因斯坦在其关于光线的思想实验中所得出的结论最终也是在爱丁顿进行现实的实验操作后才成为真理的。既然如此，思想实验的进行还有什么意义呢？那些无

① Mach E. 1973. On Thought Experiment[M]. Boston: Boston University Press: 4.

法通过经验检验的思想实验又如何确保其有效性和正确性呢?

作为一种研究方法，通过思想实验得出的结论属于认识论范畴，它的意义不在于实验所得出的结论是否正确，而在于它所体现的一种思维和大胆设想，这在整个哲学和科学发展历史中都有非凡的影响力。

思想实验的发展可以追溯到古希腊，但最初的大力发展是在 17 世纪的近代科学时期，这与当时文艺复兴之后自然科学的发展有关，这一时期经典的思想实验有伽利略关于自由落体的实验、牛顿的水桶实验，爱因斯坦在科学研究中的大部分成果也都是通过思想实验实现的，还有“薛定谔(E. Schrödinger, 1887—1961)的猫”实验等。同时，由于认知的抽象性，认知科学中的许多实验也是通过思想实验完成的，图灵测试、“中文屋”“实验”、“孪生地球”等都是认知科学中的著名实验。思想实验方法在科学发展中的广泛运用使哲学内也开始了关于思想实验的研究与探讨，最有影响力的是布朗和诺顿关于思想实验的辩论。我们可以设想，如果没有思想实验的运用，如今的科学发展会是另一番景象，科学知识的表征与呈现不会像现在这样丰富多彩。

当然，思想实验之所以在不同领域、不同学科、不同范围中得到运用和发挥是因为它的价值和功能。思想实验在科学研究中具有解释功能(如“薛定谔的猫”实验通过宏观的猫解释微观的量子力学理论中的粒子，用猫生死的不确定性来解释粒子的不确定性；还有笛卡儿在解释心身的互动时，将松果体看作灵魂的居所，并作为大脑的一部分，从而在身体中产生作用，促成心身的互动，这些思想实验都是通过直观、形象的事物来解释抽象的事物，从而达到认知的目的)、预测功能(“思想实验常被哲学家和理论科学家普遍使用，当真正的实验在实践的操作过程中或者在理论的应用层面不可能实现时，可以通过想象，创设一个情境来检验某个假设。它设想对研究的内容做出各种状况的干预会产生什么样的结果，而不是真正实施这种干预，从而发挥想象来表明什么情况是可能的、什么情况是不可能的”[①]，这种依靠理性与逻辑思维的思想实验的多样性，会检验同一事物的多种情况，因而预测不同情况下的不同结果，这会给科学发展带来意想不到的效果，如同伽利略通过思想实验预测同等质量的物体在真空条件下下降的速度一样，后经证实确实如此)和反驳功能(如塞尔关于“中文屋”的思想实验就是试图反驳当时强人工智能所认为的计算机对符号的操作既可以了解符号的语法，也可以了解符号的语义的思想，以证明计算机对符号的操作并不产生意义)。

① Sorensen R A. 1992. Thought Experiments[M]. New York: Oxford University Press: 205.

思想实验在科学发展中的解释、预测、反驳等功能的最终目的是通过实验达到对科学现象或科学理论本质的认知，说到底，思想实验所有的功能最终都体现为认知功能。

实质上，思想实验从建立到完成就是一次探索性的认知过程，这种认知过程也可称为思想实验的信息加工过程。人们具有求知的本能，但苦于现实客观条件的限制，人们只能发挥自己的想象力与直觉思维，通过对研究对象的思考和质疑，试图建立一种方法或工具证实大脑中的想法。为了实现这个目标，认知者将研究对象具体化，依靠逻辑理性的推理能力建立虚拟场景、设置实验元素、进行推导，同时还伴随着对实验设置的不断推敲、质疑等。这种过程是认知主体有意识的创造，同时，这种打破常规的创造就体现的是一种认知价值。“黑白玛丽”的认知实验就足以说明思想实验也可以是产生认知或知识得到表征的其中一种方式。

不仅如此，思想实验的认知功能也可以就最终结果或目的而言，这是思想实验设置的最终目的。思想实验设置就是受现实条件的局限，无法达到对科学研究对象的认知的无奈之举，是为了完成现实实验无法完成的功能，而选择另一种进路获得最初的认知目的。

当然，在知识表征的研究中，除了以上几种主要方法之外，还有比较、假说、类比、文献等方法。在所有研究方法中，没有任何一种方法在知识表征中是唱独角戏的，有的仅仅是主角和配角的划分，各种方法之间承担着各自的角色和功能，角色之间各有分工，不可替代。当然，角色的分配与社会的发展状态、知识的属性和类别，以及现实的条件等都有关，在不同的阶段或不同的形态下，知识的表征会运用适用的、不同的主角和配角。角色分工虽不相同，但它们之间互相协调、通力合作，实现了理性与经验、具体与抽象的统一，共同致力于探索事物规律，了解事物本质，以达到对事物的认知，实现知识的表征。

第四节　个体知识表征的沦陷

知识表征的个体性研究长期以来一直占有不可撼动的地位，这种个体性由于在研究过程中排除了环境、主观、生物等非理性的因素而一度成为学术界判断知识是否标准与科学的依据。所谓存在的就是合理的，知识表征“个体的”状态由当时的社会背景及学科性质共同决定，因此，必须承认这种个体性的产生有其存在的必要性和特定的价值意义。

个体知识的产生由个体科学家独立完成，知识产生的过程既不受认知主体主观情感的干扰，也不受外在因素的影响，是认知主体理性、客观公正的生产过程，因此知识一经形成便会超越时空限制，成为普遍的公共财富和成果。个体知识的表征也是价值无涉的，能客观如实地反映事物的本质与规律，认知主体在知识表征的过程中，不受他人意见左右、不被集团或社会利益影响，与政治党派无关，保持价值中立，如实反映并揭示事物的本质及规律，不断地靠向真理，认识世界。同时，个体知识表征的确定性能促进知识的增长与科学的进步，个体知识的表征结果往往与经验事实一致，体现着心灵与外部经验的符合一致性，保证了知识的确定性与真理性，这种确定性与真理性的不断积累能促进知识的增长、科学的发展以及社会的进步，其中科学知识的增长就是在知识确定性的基础上通过演绎、归纳、论证而完成的。

一、知识表征个体性的缺陷

从个体的角度研究知识如何产生的个体知识表征具有客观性等特征，这些特征在当时的社会状况以及“小科学”时代的背景下能促进科学进步和知识的增长。但随着社会的发展，社会分工更加明确、社会异质性不断增强，并且随着不断增强的国家政治以及经济发展的需要，个体与社会的关系日益密切，仅从个体的角度对知识表征进行研究并不全面，愈加明显地不能适应现代社会与科学发展的需要，有很大的局限性。

（一）个体知识表征强调知识的内在性，忽视了社会因素在知识生产过程中的渗透

个体知识的表征预设了个人与社会的分离性，主张知识的表征是认知个体内部的活动，完全排除历史、社会、个人心理等因素，呈现出一种静态、理性的状态；不仅如此，知识的生产过程也与周围环境因素没有任何关联，以试图寻求一种高度精密的、价值中立的、客观的知识。

随着社会中的各种复杂因素在知识生产过程中的不断渗透，认知个体逐渐受到各种社会利益、政治立场、信仰等社会因素的影响，例如，福柯就主张知识的发展是与权力因素捆绑在一起的。这些社会因素不仅会影响人文学科、社会学科知识的表征，自然科学知识同样也会受影响，从而使其也有了价值属性，因此，

所谓得出的客观的、标准的科学知识都是脱离事实根据的。

此外，知识作为一种社会系统，本就同社会条件存在某种联系，在知识表征的过程中，要考虑知识为社会所接受、受社会规范和社会标准所影响的状态，知识的表征与生产会受社会需求、企业利益、国家发展等各种因素的影响，要完全保持与社会分离是不可能的。近年来，认知科学界关于颅内主义与认知边界的讨论，就说明认知不能以身体为界限，仅将认知视为主体大脑内的信息的计算与表征，强调认知也是个体与环境、身体互动的产物。

（二）个体知识表征强调理性因素的作用，忽视了非理性因素的功能

个体知识表征的认知机制主张，知识表征的结果是靠个体理性的思维对记忆中的信息进行推理、逻辑判断得出的，即便有些知识的获取需要通过实验的操作与检验，也要求在此过程中排除个人的非理性要素与个人倾向，力求精确、客观地操作。可见，理性因素在知识的表征中扮演着主要角色，非理性因素则是人类认识活动中的盲点。

社会文化、经济以及社会环境等的多方面发展，对人的精神、心理、认识也产生了潜意识的影响，在无意识的黑暗世界，这些影响会作为非理性因素不自觉地发生作用。在知识的生产过程中，从问题的产生、假设到解决，都渗透着研究者的判断力、想象力、直觉等因素，“在一项探究活动中，心灵的两种功能从头到尾都在联合地发生作用。一种是想象力的刻意的主动力量，另一种是我们称作直觉的自发的整合过程”①。

非理性因素确实具有片面性，在认知中的不当使用会导致知识的或然性、消极性等，但对其适当地运用也能对理性认识起到促进、启发、推动和调节等积极作用，例如知识表征过程中的“顿悟”“灵感”等，有时会在认识中起到关键性作用。因此，在知识表征过程中，非理性因素应同理性因素相互结合，作为一个完整的存在在认识和实践中发挥作用。

（三）个体知识表征强调知识的普适性，忽视其人类学的性质

个体知识的表征，尤其是个体科学知识的表征认为知识表征的结果是普遍有效的，是超越时空与社会情境的，是一种抽象的“局外的”（disembodied）的知识。这种普适性的知识的表征可以以全称命题的形式表示，即所有的 A 都是 B，

---

① Polanyi M. 1964. Science, Faith and Society[M]. Chicago: The University of Chicago Press : 29.

可用 $x[A(x)\rightarrow B(x)]$ 表示。

到了 20 世纪，这种普适性遭到挑战，所有的知识，即便是我们通常所认为的具有客观性的自然科学知识，也被认为只在特定的情境中才具有真理性，换一种情境这种真理性就失去效用。在波普尔看来，所有知识包括科学知识都不具有绝对正确性和普遍适用性，根本不存在所谓的关于科学知识的“终极解释”。卢兹（J. Rouse）也认为科学知识不具有普遍性，在他看来，科学知识的表征是一个实践活动过程，在实践的执行过程中要考虑具体的实验场景、实验设备、实验技能等可变性因素，“当我们考虑这些因素时，就会发现科学上局部的、存在的知识，这种知识是建立在对设备、技术和方法、社会角色以及运用它们的思想可能性的一个整体的实践把握基础之上的”①。不仅如此，正统认知科学关于知识是单纯的表征过程的观点也被之后的情境认知（situated cognition）所反驳，情境认知主张知识的表征是在认知主体与社会环境相互作用的过程中，根据所处的情境对知识动态的组织与建构，是个体与环境交互作用的一种状态与结果。

因此，知识的表征不仅是认知主体内在的行为，在其表征过程中，也要将其所处的环境、场所等因素都纳入其中考虑，包含关于知识表征的一整套生态系统，具有人类学的性质。

综合个体知识表征的局限性可知，个体知识的表征有利于推进哲学及科学的研究和发展，在一定程度上有积极意义，但是随着社会的发展及研究的深入，并结合科学发展的趋势，个体知识表征在一定程度上并不完善，势必要求一种宏观的综合社会、环境、文化等因素的集体或社会知识观的出现。

二、对知识表征个体性的辩护

社会不断发展，学科背景相应地发生变化，学科内部的发展也必然会出现各种学派、分支学科之间的相互辩论，知识表征的个体主义也是如此。随着“大科学”时代的到来、哲学的转向以及认知科学的不断发展，个体知识表征的缺陷越来越明显，并受到来自社会学、社会心理学、现象学、社会认知等方面的质疑和批判。科学知识社会学在知识的研究中指出，方法论的个体主义并不完善，并不能保证知识的完整表征，应将知识表征过程中所关涉的社会、非理性、环境等因

① Rouse J. 1987. Knowledge and Power: Toward a Political Philosophy of Science[M]. New York: Cornell University Press: 93.

素都纳入其中，建立一种系统性的研究框架；弗雷泽（J. G. Fraser，1854—1941）在关于生物体如何具有心智的过程中提出要想使二者的连接具有连续性，就要将认知过程中影响心智或行为的社会性因素纳入考虑的范围，若只注重个体内在的能动性和心理机制会造成主体认知的断裂和不连贯，形成认知鸿沟。面对各方面的压力，个体主义的支持者福多（J. A. Fodor，1935—2017）通过意向性的研究对认知的个体主义进行了辩护。

（一）个体主义的基础——心身随附性

随附性（super enience）概念，与心身二者的关系密切相关。身体能否决定人的心智或心智是否依赖于身体或环境呢？二者之间是否具有决定关系、依赖关系或因果关系？心身因果性问题是笛卡儿关于心身二元论所遗留的问题。事实上，在心身之间的关系中，心智并不完全由身体决定，因为心智有一定的能动性和自主性，即心智有其自由意志的存在，戴维森（D. Davidson，1917—2003）将这种心理对于物理的既依赖又相对独立的关系叫作“随附性”，后来，美籍韩裔哲学家金在权（Jaegwon Kim）对随附性的概念做了进一步的研究和分析，将随附性区分为“弱随附性”、“强随附性”和“全总随附性”三种不同程度的类型。

心身随附性原则是福多个体主义的基础，他对随附性的描述为：“粗略地说，类型 X 的状态随附于状态 Y，当且仅当在 X 状态和相应的 Y 状态之间没有不同。因此，有机体的心理状态随附于它们的脑状态，当且仅当它们的脑状态不相同时心智也不同。”[①]也就是说，在福多看来，认知主体的心理状态是随附于身体的物理状态的，心理状态不同必然是由于他们的身体状态之间存在区别，当两个认知主体在身体物理方面一样时，他们的心理状态也是相同的，因此，身体状态是心理状态的必要条件，并且这种心身关系的随附性原则是目前为止对心身因果作用问题的最好解释。

在此基础上，福多进一步阐发了他关于心智个体主义的主张，福多指出，认知个体主义是一种普遍的方法论，它是按照心身因果效力的分类而产生的，认为“从事科学研究所需要的是一种分类机制，这种分类机制对具有不同因果性质的事物进行区分，而将具有相同因果性质的事物归为一类”[②]。由此，心理学的分类便是依据心理状态的因果性质或因果效力进行分类的结果。可见，因果效力的

---

① Fodor J A. 1987. Psycho Semantics[M]. Cambridge: MIT Press: 30.
② Fodor J A. 1987. Psycho Semantics[M]. Cambridge: MIT Press: 34.

考察是福多论证个体主义的主要工作，也是其研究个体认知、知识表征个体性的基础。

（二）因果效力与个体主义方法

既然因果效力是个体主义的基础，那么，何为因果效力？因果效力是怎样作用于个体的？

福多认为，对因果效力的考察要在不同的语境中进行，若在语境之内或同一语境中进行考察，因果效力之间就具有同一性，不会产生区别，通过跨语境才能判断认知主体在不同的语境下是否具有相同的因果效力。对此，福多借用普特南“孪生地球”思想实验中地球人与孪生地球上的人对水的需求进行论证。地球人和孪生地球上的人是出于不同语境的相同主体，地球人若需要水，会得到 H_2O，而孪生地球上的人会得到水——XYZ，同样，当地球人到了孪生地球需要水时，也会得到 XYZ，孪生地球上的人在地球上则会得到水 H_2O。由此可以得出，虽然处于不同的语境中，但地球人与孪生地球上的人关于水的思想是同一类型的，产生了相同的因果效力，进而可以推出，能产生相同因果效力的心理状态也是相同的。这就反驳了外在主义的观点，使认知主体的心理状态类型与周围的环境无关，只能由认知主体个体决定，虽然环境不同，但同样会得到相同的关于水的思想。但是，一旦涉及认知主体的意向性内容，就会产生不同的结果，因为二者转换了周围环境后都没有得到自己想要得到的水，那么，个体之间的心理状态不同会产生不同的因果效力吗？福多给出的回答是，“在我们寻找使得因果性质的不同成为因果效力的不同的有用条件时，我们可以将我们自己限制在这样的事例上，即在这些事例中，性质上的不同是否构成效力上的不同是偶然的”①，即前者是后者的必要条件而非充分条件，排除了环境、外力因素的影响。

（三）个体对外在世界的表征

通过以上论述我们知道，福多坚持人的心理状态与周围环境无关，只与认知个体的窄内容有关，但这并不意味着福多反对外在主义的方法，相反，他认为个体主义与外在论是兼容的，二者可以并存。“福多认为，个体主义是对个体意向性内容的解释，是根据随附性原则进行的，而外在论涉及意向的内容，是对其进行语义的理解，涉及的是知识表征的真值、指称和意义，这说明心理表征与外在

① Fodor J A. 1991. A modal argument for narrow content[J]. The Journal of Philosophy, 88(1): 5-26.

世界是有关系的。”[①]福多通过心理与身体的随附性关系对个体主义进行了分析，并认为个体主义与外在论是不矛盾的，试图调和二者的矛盾。那么，个体是如何表征外在世界的呢？福多认为，这主要涉及意向性的内容，通过对因果协变理论（当且仅当 X 出现，该术语就被例示或被标记；或者说，X 与该标记具有因果关系）进行修正，提出粗糙的因果协变理论，即若一种事物出现时，与意向者的头脑中的某一表征标记有稳定、规则的联系，并且二者之间存在因果协变的关系，就可以说头脑中的表征是对该事物的表征。也就是说，福多通过对意向性进行自然化来研究心智，即建议用物理的、非意向的、非语义的术语解释意向性、心智或表征的内容，通过心智与世界的因果关系解释心理意向内容的物理基础、形成机制和条件。

可见，福多最后在认知个体与外在环境如何联系的论述中，意向性的自然化的论述又使其陷入一种还原论，个体主义仍然无法解释社会环境对个体心理状态的作用和影响。

无论是社会背景的需求还是学科内的发展，关于认知、知识表征的个体主义并不能科学、完整地反映外在客观事物，因此要历史地、全面地、完整地将各种影响知识表征的因素都纳入知识表征的研究中，实现内在论向外在论的转向和兼容。

① 吴彩强. 2010. 从表征到行动——意向性的自然主义进路[M]. 北京：中国社会科学出版社: 58.

第四章

社会知识及其表征

知识表征在社会文化及历史的延续中发挥着重要作用，因此，从亚里士多德到培根、洛克、休谟、康德、穆勒等，都曾把知识作为反思的对象，通过对知识的探索来研究认识论问题，直至近代时期以及当代科学哲学都没有停止过对知识如何表征的探索。但这些从个体的、微观的角度对知识表征进行的研究，是哲学家或科学家个人理性研究的成果，在知识表征的形成过程中完全排除了历史、社会、个人心理等因素，是有局限的。这种对知识所做的个体性解释局面于 20 世纪初被社会学家杜尔凯姆提出的“集体表征”打破，但集体表征仅仅是在当时传统社会的背景中产生的，不符合当代高速发展且日益复杂的社会状况，因此，在这样的社会背景下，知识需要更加宏观、复杂的解释。

其中，科学知识社会学对知识表征做了社会学意义上的解释，强调应把社会性因素纳入知识表征的过程，认知主体应是共同体；认知科学中的具身理论认为知识的表征与身体有关，而身体是处于社会环境中的，由此延伸的动力学理论主张知识的产生是大脑、身体与环境互相作用的结果。这些研究都将环境、社会等复杂因素纳入知识表征的过程中，使知识表征发生了社会性的转向。

第一节　个体知识表征向社会知识表征的过渡——集体知识及其表征

在知识的研究中，长期占据统治地位并被作为标准知识形态的个体知识及其表征对科学和社会的发展有不可磨灭的贡献。随着当代社会的快速发展以及“大科学”时代的到来，知识表征的个体性解释不断地受到各种冲击和责难，尽管福多对其极力地进行辩护，试图调和知识表征的内在解释和外在解释之间的矛盾，证明二者可以同时存在，但这并不能扭转知识表征的社会性解释趋势，使知识表征的个体研究转向社会性的解释。在转向中，社会学的创建者杜尔凯姆提出了一个过渡性的概念——“集体表征”，在他看来，知识是一种集体表征，知识和社会结构不可分割地联系在一起，知识来源于社会，因此，知识是一种集体的现象，也是一种社会的现象。但集体知识表征只是当时社会背景下的产物，并不符合当代“大科学”时代的社会背景，因此，集体表征仅是介于个体知识表征与社会知识表征的概念和研究。

一、“集体表征”的概念与内涵

“集体表征”（collective representations）一词是杜尔凯姆在其著作《个人表征与社会表征》中提出并专门进行论述的，事实上，“集体表征”是由“集体意识”（collective conscience）发展转化而来的。杜尔凯姆在其著作《社会分工论》中，为了研究社会得以有序运行及社会团结（这里的团结是社会的机械团结）的基础，提出了“集体意识”一词。顾名思义，在 collective conscience 中，conscience 是“良心”“意识”的意思，由此可知，杜尔凯姆的集体意识是一种社会成员共同拥有的价值观念和道德信仰的总和，能使社会个体对社会产生强烈的归属感，从而使社会中的个体结合起来形成社会，并维系社会有序进行。因此，集体意识是社会中的每个成员都具有的一种意识，它无形却又独立地存在于社会的每个角落，是一个社会的精神和特质。事实上，杜尔凯姆在《社会分工论》中提出“集体意识”主要是为了说明其在传统社会中的整合功能，是社会团结和有序的基础，进一步的论述并没有。

在《社会分工论》之后，“集体意识”一词很少再被杜尔凯姆使用，而是以

"集体表象"或"集体表征"取而代之，主要原因可能有两个：其中一个很可能的原因就在于杜尔凯姆觉得"集体意识"这个词汇的含义过于宽泛，也过于模糊和静态，无法在认知的、道德的、宗教的信念之间以及在不同的信念和情感之间做出有效的区分。[①]另一个可能的原因是学者江浩提出的，认为集体意识在《社会分工论》中是社会机械团结存在的基础，而随着社会分工的不断进行，社会异质性不断增强，这种集体意识就会被削弱，而靠社会分工使社会有机团结，集体意识与社会分工便成为对立的两种整合因素。如果在后来关于社会形态的研究中，杜尔凯姆仍将集体意识作为社会形成的一般性条件，这就与之前传统社会的社会意识相矛盾，因此，他提出另外一种概念"集体表征"以消解这种矛盾和尴尬。

集体表征与集体意识之间并没有实质的区别，都具有社会整合的功能，但集体意识是一种比较宽泛的、普遍意义上的道德与规范，集体表征则是"集体意识的各种形态"，是诸如信仰、习俗、规章制度等具有社会整合功能的具体形态的规范或约束力。其概念的明确定义和具体论述是杜尔凯姆在后来的《个体表征与社会表征》一书中才进行的。

作为社会学的创始人，杜尔凯姆在《个体表征与社会表征》中对集体表征的研究是通过对心理学中个体主义的批判进行的。杜尔凯姆在分析具体的集体表征形态在认知主体中的产生过程和发生机制后得出，单个个体并不能形成社会，个体的心理表征是对社会现实生活在头脑中的呈现，而社会是由相互联系的个体有机构成的。因此，集体表征由社会中的个体心理之间彼此联系而成，是社会中个体的"心灵的有机结合"，从而可以约束个体的心灵，具有社会整合功能。在此基础上，涂尔干批判心理学，认为"正如莫斯黎把个体的所有心理生活都仅仅化约为生理基础的伴生现象一样，他们力图要把群体的全部心理生活归结为群体的物理基础。但是他们忘记了观念就是现实，就是力量，忘记了集体表现是比个体表现更为强大和主动的力量"[②]。

除了对集体表征的形成进行论述之外，杜尔凯姆通过强调"表征"一词的含义对集体表征的另一层含义进行了说明。当时的学者对"表征"的含义都有着约定俗成的观点：心智持有的某种图像或投影（a picture or projection held in the mind）。这与当代认知心理学、认识论等对表征的界定相似，即表征是信息在大脑中的存储和再现，是认知主体对记忆信息进行加工的结果，是对外在事物形象

① 王小章. 2006. 经典社会理论与现代性[M]. 北京：社会科学文献出版社: 160.
② 涂尔干. 2006. 宗教生活的基本形式[M]. 渠东，汲喆译. 上海：上海人民出版社: 315.

性或回忆性的呈现。显然，这是关于个体表征形成过程的论述，那么，集体表征是怎样形成的呢？在杜尔凯姆看来，集体表征由个体表征形成，但并非每个个体表征直接简单相加而成，而是由每个个体表征中的一部分共同结合并构成，这样形成的集体表征虽由个体表征构成，但在性质、功能等方面已经完全不同于原来的个体表征，而成为一种新的社会现象。

可见，在杜尔凯姆看来，心灵的联结是集体表征的基础，也是集体表征的主要因素，集体表征的形成是将社会成员头脑中对外在事物反映的信息有机结合而成。因此，集体表征属于一种社会的精神特质，这种精神特质反过来会对个体产生约束力。

二、知识是集体表征的体现

作为社会学的代表人物之一，杜尔凯姆致力于社会学学科的重建与发展，主张将宏观的社会现象作为研究对象，区别于以个体和个体心理现象为研究对象的心理学。因此，杜尔凯姆认为单纯地研究个体表征是心理学的研究范畴，它割裂了社会与个人的关联，而由个体表征有机结合的集体表征则作为社会学研究的主要内容为个人与社会的关系问题提供了一种以社会为终点的结果。同时，作为知识社会学的开创人之一，杜尔凯姆也将集体表征的思想用于知识社会学的建构中，并作为知识社会学的一个核心概念而存在。

杜尔凯姆的知识社会学由其关于宗教社会学的思想引发，因此与宗教的研究脱离不了干系，在宗教的研究中，杜尔凯姆借用集体表征揭示了宗教的起源。宗教是由一种神圣不可侵犯的信仰和仪式组成的一整套体系，以此约束宗教信仰者的行为规范，宗教内的图腾、仪式等符号性的东西并不单纯是一种客观性、物质性的标志，它们体现着或者说它们真正的意义是这种外在实体标志或仪式背后所承载的一种精神力量，这种力量以一种心理作用的方式作用于个人，使人们能感受到这种外在的约束力，从而使人对宗教感到敬畏，并自觉遵守宗教教义。因此宗教是集体表征的其中一种体现。

在此基础上，杜尔凯姆进一步强调，同宗教一样，知识也以社会为基础。理性之所以作为知识形成的思维工具，恰恰是因为它们不是个体心理机制的产物，并受主观思维的影响越来越小，这种理性不是天赋的、超然的，而是来自集体意识，是集体认知的结合。同时，作为知识的重要部分，概念就是集体经验的总结，集结着社会中的集体经验和智慧，更具有稳定、普遍的性质。此外，知识形成过程中必然会遵守的逻辑思维规则等，也来自并体现着集体表征。因此，在集体表征基础上形成的知识必然同宗教的本质一样同属集体表征的范畴，体现着集体的思想、精神与气质，而非个体性的体现。当然，随着社会的进步和理性发展，科学知识的不断发展可以更加合理、有力地解释社会，因此它逐渐冲击并削减了宗教的力量，以其日渐完善的装备解读社会现象。

我们从知识社会学的形成可知，杜尔凯姆是在对以往宗教观点进行批判的基础上得出宗教属于集体表征的表现形式的论断的，在此基础上，他进一步分析了人类的知识现象，并得出宗教就是前科学的知识的结论。在他看来，“宗教并非只是观念系统，宗教仪式也并非只是信仰的附带物，宗教的现实来源是社会，但是由于社会需要将自身保持为一个连续的概念，它便以一种‘意识形态’或者歪曲的形式表现了出来”[①]。可见，杜尔凯姆将关于知识形成的社会条件的分析建立在宗教研究的基础之上，以此得出知识是基于社会集体（而非经验的或先天的）而形成的结论，因此也是可以对社会个体产生权威性的集体表征。

在以集体表征为核心的知识社会学的研究中，杜尔凯姆将知识的表征与集体表征相结合，并将知识表征视为集体表征的范畴，这就贬低了认知个体在其中的能动性。但为了致力于社会学的发展，杜尔凯姆只能将知识与社会结构相结合，将社会视为知识的来源，并将知识界定为“人对社会或对自然与社会之间关系的符号表征或认知表达”。因此，知识的形成离不开人的社会存在而存在，只不过是这种集体意识的若干方面，只有将知识作为一种集体表征方式进行分析和考察才能对社会进行研究。

三、集体表征不等于社会表征

杜尔凯姆关于知识的观点是在宗教研究的基础上以集体表征为核心建立的，这种知识是一种集体知识，可称为集体知识的表征。由于杜尔凯姆主张建立以社会事实为研究对象的宏观社会学，在知识表征的研究中，杜尔凯姆极力反对以往以个体知识表征为研究对象的个人与社会的不对称关系，认为社会凌驾于个人之上，集体知识的表征优于个体知识表征，个体知识的表征是因为社会传递给个体成员才形成

① 张秀琴. 2004. 表征、情境与视角——古典知识社会学视野中的知识、社会与意识形态[J]. 辽宁大学学报（哲学社会科学版），32（3）：90.

的，因此主张以集体表征为主。虽然“这样也会导致集体表征所包含的意义过于宏大、不具体、忽视个体表征反而失去了意义”[①]，但其关于集体知识表征的研究，明确区分了个体表征与集体表征、个体知识表征与集体知识表征的不同。

“集体的”与“社会的”这两个词的语义非常接近，并且在我们生活语言系统，甚至在学术语言中，二者都没有明显的差别且时常被混淆使用。事实上，“社会表征”和“集体表征”这两个概念之间虽然有密切的联系，却也有巨大的差异，不能混淆。

作为杜尔凯姆社会学思想的核心概念之一，“集体表征”被视为一种理解集体的静态形式，虽然这种研究结论勇敢地缩小了个体主体性及其心理方面的作用以保证社会学因果关系的客观性，但同时也将集体知识表征或集体表征设定为是预先建立的，并且一旦产生就不受个体表征影响，是外在于个体不可改变的。因此，集体表征被赋予了约束性、强制性的特征，面对集体表征，群体成员只能服从，所以，“表征与集体是相等的，并且与没有其他表征存在的群体相关联，这就导致了表征的静态特点，并与封闭的社会联系在一起”[②]。同时，由于杜尔凯姆知识社会学的研究背景还是古代的、原始的社会条件和社会形态，集体表征和集体知识也因此是一种非常有限的意识和表征，是带有杜尔凯姆特有标志的知识表征观，不等于内涵宽泛的社会意识或社会表征。

随着社会的发展，科学、知识的发展已经由近代时期以科学家个体研究为主的“小科学”时代进入了需要科学家共同体或科学组织之间共同协商的“大科学”时代。知识的解释也需要综合当代社会的各种因素。当代社会日益复杂，社会分工日益细化，社会结构更加复杂，不同的社会分工与社会类别交叉存在，导致人们生活在多重文化环境中，担任多重社会角色，并且信息的流动日益频繁，也会导致文化之间的交流与碰撞，因此不能用一种既定的结构框架解决先存的问题。作为个体表征与社会表征之间过渡阶段的集体表征虽然反对从个体的角度解释知识的产生，但也不符合当代社会的背景，不能描述当代社会及文化现象，因此，当代知识的表征应该表现为与当代社会相适应的社会表征。

从冯特开始，对社会表征就有了一定的思考，那时候，这一术语的意思大略相当于“集体心智”，与“个体心智”相对应。[③]到了 20 世纪 60 年代，法国心

① Moscovici S. 1990. The origin of social representations: a response to Michael[J]. New Ideas in Psychology, 8(3): 386.
② Moscovici S. 1998. Presenting social representations: a conversation[J]. Culture and Psychology, 4(3): 219.
③ 管键，乐国安. 2007. 社会表征理论及其发展[J]. 南京师大学报(社会科学版)，(1): 92-98.

理学家莫斯科维奇把社会表征看作“独立于个体的、持续存在的、拥有自身文化含义的一个社会共识体系，其中包括各种预想（preconceptions）、形象（images）和价值（values）”[①]。与个体表征及集体表征不同的是，社会表征是由特定社会历史背景下的社会成员所共享的知识体系，可以体现社会与个体间的张力，反对以往偏重于个人或偏重于社会的最终结果，认为个体的心理与社会的文化之间是一种对称、对等的关系，不存在凌驾关系。一旦将个体的具体性与集体性相分离，将人们从二者的冲突关系中脱离出来，那就会产生不一样的结果，即会导致自己局限于认知心理学或知识社会学。

在笔者看来，社会表征强调了现代社会的异质性、动态性、多样性以及社会中群体成员的共识性，强调了社会文化与个体心理间的相互依赖、共同发展，是一种由社会成员构建的动态性结构，个体创造与社会之间是一种动态的相互作用关系。它更关注现代社会中集体观念的变化和对差异的探索，认为正是集体观念中存在差异，才导致了社会内部同质性的缺乏，而恰是异质性的存在才会使一种文化状态存在压力甚至分裂，就会导致新的社会表征的出现。因此，当代社会，只有社会表征才可以解释科学知识的产生，静态的集体表征并不符合高度裂变、快速发展的社会。作为杜尔凯姆社会学思想中的一个重要概念，集体表征在整个知识研究的长河中，只是其中一个短暂的过渡，最主要的还是知识表征的个体性与社会性之间的争论。

第二节　社会知识表征的本质

以个体科学家或哲学家为研究主体所得到的个体知识表征因为其微观、不全面的特征，已经不能满足“大科学”时代以及高度异质化的社会需求。同样反对个体知识表征并认为以个体知识作为研究对象会导致个体与社会分裂的杜尔凯姆，主张知识的集体性，将知识与社会联系起来，但这种集体知识的表征也因是传统社会的产物而具有封闭性、静态性的特征，且与当代社会背景不符而遭到质疑并被否定。20 世纪 60 年代，库恩范式理论的出现使知识表征的研究在哲学和社会学界都发生了很大变化，扭转了知识表征的研究方向，开辟了研究知识表征的新思路，将社会环境、身体、情绪、利益等以往极力排斥的社会性因素纳入知

① Moscovici S. 2000. Social Representations, Explorations in Social Psychology[M]. Cambridge: Polity Press: 3.

识的表征过程中，使知识表征具有了社会性质。

一、知识表征社会性质的体现

（一）知识表征是社会协商的产物

知识表征的个体性研究不仅与社会背景和时代发展有关，也与学科的性质和研究对象有很大关系。随着社会学从哲学中脱离出来，并拥有其独立的研究对象，知识作为一种社会系统，它的产生或表征必然也就与社会因素有着某种联系。而以往的研究是哲学家或科学家孤独的心灵运作，只注重知识表征的方法论及内在逻辑的研究，没有涉及知识表征过程中的社会环境、历史等因素，因此，要对知识的表征做社会学的解释和研究。

知识社会学是对知识表征进行社会学解释的最初研究，事实上，知识社会学最早的研究可追溯到孔德（A. Comte，1798—1857），他将社会发展的阶段与知识发展的阶段对应起来加以考察，从而开辟了知识与社会之关系研究的先河。杜尔凯姆关于知识的集体性论述和研究，是将知识与社会因素相结合的又一尝试，主张知识的形成及表征与社会结构有关。这些萌芽的思想在一定程度上体现了知识表征的社会性，为知识社会学的建立做出了杰出贡献。之后，麦克斯·舍勒在其《知识社会学的尝试》一书中，首次提出“知识社会学”的名称，并从现象学的角度对知识进行研究。在他看来，知识应由群体对其进行研究，它是社会学的产物。同时认为对知识与认知群体之间关系的研究有助于把握知识的产生机制和发展态势，因为社会环境、社会群体会影响认知主体的思想发展轨迹和方向。这就挑战了以往自然科学知识的特殊地位，并对科学家对绝对真理的寻求进行了质疑，认为那不过是一种表象。

对知识社会学贡献最大的当首推卡尔·曼海姆，他关于知识如何形成与表征的研究受马克思“存在决定思维”的影响，认为知识的产生过程就受到社会环境等“非理性因素”的影响。通过对这种决定关系进行深入思考，提出存在与思维并不是一种机械决定论或单一的函数关系，社会因素对知识表征的影响是复杂的，要根据时间、地点、环境、背景等综合因素进行考察。犹如一件艺术品，通过风格、色泽、纹理等特征方可判断其创作的年代。可见，以曼海姆为代表的知识社会学家同样反对那种纯科学主义立场，主张知识的表征是由社会环境等综合因素而非个人决定的，是社会协商的产物。

同知识社会学一样，科学社会学的研究和发展，也主张社会环境对知识的影响，其中默顿的思想和方法至今仍占有显赫地位。在他看来，“科学是一种独立的制度或系统，它与经济制度、政治制度、军事制度等相并列，同是现代社会制度的重要组成部分。科学社会学旨在分析科学（制度）的社会文化结构和组织形式，及其内部和外部的互动关系”[①]。社会结构会影响科学知识的生产，同样，科学知识的生产也会影响社会的文化、经济等结构。

我们知道，知识社会学与科学社会学都认为知识的表征会受社会因素的影响，但它们在对知识范围的划定中仍将自然科学知识束之高阁、排除在外。在它们看来，自然科学仍是一个自闭的社会，不受社会或外在因素的影响，是“自治的”，社会环境作用的对象是自然科学之外的一些知识。这种状况随着库恩《科学革命的结构》的问世得到改变，库恩对“范式”“科学共同体”的界定和解释，重新发展了知识社会学和科学社会学的思想，在库恩的铺垫下，爱丁堡学派科学知识社会学的产生将知识表征的社会取向又向前推进了一大步，将知识表征看作社会协商的产物。

科学知识社会学关于知识的研究主要吸收了知识社会学中社会因素对知识表征具有影响的观点，只不过在影响程度上，科学知识社会学似乎走得更远，将以往享有特殊地位的科学知识也纳入了社会学的分析。科学知识社会学早期，布鲁尔（D. Bloor，1942—　）在分析以往知识观的基础上，破除了对科学知识的禁锢，同时指出以往的研究没有涉及知识生产的过程本身。在他看来，任何知识的产生都有社会因素的渗透，社会成分始终是知识的构成成分，科学知识也不例外，“如果人们无法以某种彻底的方式把社会学运用于科学知识，那么，这就意味着科学无法正确地认识自身”[②]，这就破除了以往科学观和知识论的双重黑箱。可见，科学知识社会学将科学知识也看作社会的产物，并认为科学知识自开始到最终的结果都有社会因素的渗透，要真正做到将自然科学知识与社会科学知识都纳入社会学解释中。

知识与社会因素之间存在密切的和必然的联系，如果真是这样，那么，科学知识的标准如何界定？该标准是否还像以往那样具有普遍性？巴恩斯（B. Barnes，1943—　）认为，同商品或其他类型的知识一样，科学知识的生产也由需求决定。同样，关于科学的评价也应取决于生产者的目的和要求，换言之，科

① B. 巴伯. 1991. 科学与社会秩序[M]. 顾昕译. 北京：生活・读书・新知三联书店：312.
② D. 布鲁尔. 2001. 知识和社会意象[M]. 艾彦译. 北京：东方出版社：69.

学知识没有普遍一致的标准，它根据生产者或科学家的需求而具有相对性的评价标准，即科学知识是科学共同体的产物。

从知识表征的主体看，科学共同体是研究的主体。事实上，共同体的形成本就是社会性的结果，也会受到社会因素的制约。当然，具有相同利益、目标、专业的科学家更容易形成一个共同体，共同体的爱好、利益、价值取向、专业背景、心理状态等社会因素会影响研究对象的选择、研究结论的呈现及表达，最终影响知识的表征。因此，知识没有绝对的对与错，它是相对于共同体的利益而言的，是共同协商的。

知识表征过程中使用的工具和对要表征知识的选择也具有社会性。知识在表征过程中运用的工具、方法都是人制造的，内化着人的智慧、观念和目的，因此，主体使用工具的过程不是一个纯粹的客观过程，而是主客体交织作用的复杂过程。拉图尔（B. Latour，1947—　）把实验室比作一个复杂的文学铭写装置系统，并将这种装置视为“机器、部件和技术人员的特定结合”。

既然知识生产的诸如实验室等工具是根据主体意愿建构的，那么我们可以相应地推导出，“科学对象不仅技术性地在实验室中被创造出来，而且符号性地、政治性地被建构……通过科学家在形成同盟与调动资源的过程中使用的政治策略，或者通过从中建立科学成果的选择与决定转换而被建造”[①]。因此，科学知识实则是根据共同体的需求生产的，是社会建构的人工产物，而非对自然的客观、真实反映。

可见，如果不探求科学家在他们的科学研究过程中彼此是如何发生联系的，那么就无法理解知识理论的地位，无法理解这些理论当初是怎样被设想出来的。所以，在知识表征过程中完全避免一切社会因素的影响是不可能的，知识的表征并不单纯由自然界决定，而是根据科学共同体的需求和利益构建的，体现着社会语境的因素。

通过论述可知，知识的表征自始至终都渗透着社会因素，是由共同体的利益决定并据此在特定社会环境下建构的产物。共同体之间经过相互协商、妥协，直到最终获得一致的意见，达到各方利益的平衡。所以，科学知识的表征负载着利益和社会性磋商。

（二）知识表征是认知主体与身体相结合的产物

认知科学作为一门以认知为研究对象的新兴学科在知识表征方面取得了许

① 卡林·诺尔-塞蒂纳. 2001. 制造知识建构主义与科学的与境性[M]. 王善博，等译. 北京：东方出版社：3.

多重要研究成果。最初，以符号主义和联结主义范式为主的正统认知科学关于知识表征的研究是借助人工智能实现的，将认知过程等同于对符号操作的过程。在它们看来，只要掌握住符号的规则和过程就可以实现认知的加工，达到对事物的理解，与大脑中的知觉、意象、内省等其他机制之间是相互独立的。随着研究的深入，到了20世纪80年代后期，这两种范式在全面解释知识的表征中表现得有些力不从心。因为人们逐渐意识到，知识表征或认知活动不仅仅是一种简单、机械的抽象符号之间的操作，也不仅仅是认知个体完全内在的活动，而且是一系列的系统性的活动，既包括认知主体的内在活动，也包括通过认知主体的身体体验以及在身体同外在环境的互动中所获得的经验。

根据知识表征的心身二元关系，我们可将以往认知与身体无关的传统认知观称为“离身认知”，而将认知与身体相关的认知理论或观点称为具身认知（embodied cognition）。具身认知观念是从心身关系方面探讨认知的发生过程，破除了以往心身二元的观点，主张在认知或知识表征的过程中，大脑与心智并不是两个互不联系的独立部分，心智是具身的。“认知是具身的，即认知源于身体和世界的相互作用。从这个观点看，认知依赖于经验的种类，这些经验出自于具有特殊的知觉和肌动（motor）能力的身体，而这些能力不可分离地相连在一起，并且共同形成了一个记忆、情绪、语言和生命的其它方面在其中编织在一起的机体（matrix）。”[①]同时，认知依赖主体经验的种类，而这些经验源自具有各种感觉运动能力的身体，感觉运动能力来自更广泛的生物、心理和文化情境。尽管以往的离身认知关于知识表征的研究有很大的突破和成就，但并没有全面了解并把握知识的表征发生过程。在认知过程中，知识表征不仅要关注心智对认知主体的影响，也要关注情境性、身体状态对人的心理和行为的影响，以此探寻信息的转化及体现，体现了知识表征与外在社会性因素的联结。可见，具身理论是继符号主义与联结主义之后关于知识表征的又一种全新的解释和视角，也是关于认知解释的新范式。

事实上，具身理论关于认知和身体相关的观点早在皮亚杰（J. Piaget，1896—1980）的儿童心理学实验中就已体现。通过对婴儿的观察，皮亚杰得出“一开始起中介作用的并不是知觉……而是可塑性要大得多的活动本身”的结论。也就是说，身体活动的发生是儿童不断形成感知、知觉、思维、知识等认知活动的基点和源泉，即知识来源于动作。因此，“认知结构的起源是动作的一般性协调，而

① 李恒威，盛晓明. 2006. 认知的具身化[J]. 科学学研究，24(2):185.

动作是身体与环境交互作用活动中最初的接触面和接触方式，也是主客体对话的桥梁，主体正是在对客体施加动作的过程中完成对客体的认识的”①。对此，心理学家维果斯基（L. Vygotsky，1896—1934）也持相同的观点，认为认知的进化过程是在认知主体与身体、环境的相互作用中形成和进行的，知识的形成是对身体活动的内化。

既然身体是认知的载体和实现者，知识在表征过程中也必然会受身体物理属性的影响，身体的触觉、嗅觉、知觉、肢体语言、刺激反应、运动等都会对知识表征以及知识表征的种类、性质产生影响，形成不同的知识表征。当我们将手放到水中，就可以得到“冷”“热”“液体”等关于温度与物理状态的知识，当我们摔倒、身体被撞击后，又会得到关于“疼痛”“痛苦”等知识的信息。身体的接触不仅会让认知者形成一种直观的、最原始的感觉知识，也会给认知主体带来抽象的、感受性的知识，当然，其中需要隐喻的重要作用。例如，当我们置身于自然风景很美的大自然，或看到大海时会产生心情舒畅的感觉，还会将大海的宽广隐喻为人的心灵、度量等抽象的知识。如果这些描述还不足以使人们很直观地了解身体与认知相关，并对知识的表征产生影响，那么，我们在生活中常见的事实或许会帮助我们理解。例如，眼睛失明的人所拥有的知识是通过触摸、听觉而非视觉得到的，因此，身体结构不同也会影响或决定个体拥有什么样的知识表征种类。对此，存在心理学实验的依据，早在 1980 年，社会心理学家佩蒂（R. E. Petty）等就通过实验证明身体的举动会对认知者的态度产生影响。2007 年，心理学家宝拉·尼登塔尔（Paula M. Niedenthal）也通过实验的研究证明记忆中情绪信息的具身特征，这样的实验一直在进行，都力证身体对认知和知识产生影响。

知识表征与身体相关，同时身体又是处于自然环境和社会环境中的有机体，因此身体也与环境相互作用，它们的作用方式影响着知识的表征。在笔者看来，身体在认知活动中起基础作用，知识的表征依赖人的身体以及身体与社会的相互作用。冯·盖尔德（van Gelder）就曾明确指出这种认知系统的整体性，认为“认知系统并不仅仅是一个封闭的大脑；进一步说，由于神经系统、身体和环境是不断变化和相互作用的，真正的认知系统也就是包含三者的一个统一系统”②。因此，知识表征的具身性不是单纯地指认知依靠身体这种硬件来实现，在一定程度上还受身体与世界的互动所影响，它们之间的互动可以决定认知的性质和种类，

① 费多益. 2010. 寓身认知心理学[M]. 上海：上海教育出版社: 30.

② van Gelder T. 1995 . What might cognition be, if not computation[J]? Journal of Philosophy, 92(7): 345-381.

同时也是知识得以表征的动力。例如，简单的数学计算可以在认知主体大脑内进行，但庞杂的数据、大额的计算，就需要借助计算器、纸张、桌子等一系列的环境设备。在一定程度上讲，这些纸笔也是认知过程中不可或缺的组成部分，它们“如此紧密地融合于认知的动作中，以至于没有原则性的理由把这些外部物体同认知系统的其他成分区别开来……以这种或那种方式，人类可以把环境结构纳入认知加工，环境因而从认知上变得更加友好，因为它为人类的认知省去了许多不必要的步骤”[①]。

所有这些都足以说明知识的表征不仅仅是认知个体内部的、与外在世界隔离的孤独的心理活动，也与身体即外在社会相关，并且这种社会环境的因素也会影响知识的表征。所以知识表征既有认知主体内部的操作，也有外部的作用，体现了知识表征的社会性。

（三）知识表征是认知主体与环境交互作用的结果

同计算表征主义相比，具身认知体现的是一种反笛卡儿主义式的交互式、非线性的认知，虽然体现了认知与环境的相关性，但这种相关主要是通过认知主体的身体发生作用的，是认知与身体的相关。同具身观点相似的还有嵌入（embedded）认知、生成（enacted）认知、延展（extended）认知以及情境（situated）认知等理论。同样是在计算表征主义之后，强调认知不是认知主体内部的心理活动，而是与身体相关，并同环境交互作用的理论。我们知道，所有的认知过程或者知识表征的过程，都是认知主体的大脑、身体、环境互动的结果。环境的变化对知识表征的影响实则非常大，以至于针对同一研究对象，同一认知者在不同的环境中会形成不同的知识表征，因此，环境作为一种外在的社会性因素渗透并影响知识表征的过程。克拉克（A. Clark）更犀利地指出，只要是心智正常的认知科学家就会同意心灵与身体、环境是相关的，只是这种相关性在以往的心灵研究中没有得到重视，常常被忽略或简化了。

认知主义之后，尽管在知识如何表征的探索中，人们逐渐认同将情境或环境因素等社会性因素纳入其中，但在持这种观点的多种理论中，关于社会性因素对知识表征的影响程度以及表现方式仍存在差别。

环境究竟如何影响知识表征？在情境认知看来，认知主体并不是独立于社会环境单独存在的，而是处于一定的情境之中，知识的表征依赖认知主体所处的情

① Shapiro L. 2007. The embodied cognition research program me[J]. Philosophy Compass, 2(2): 343.

境。这种情境既可以指认知主体的自身体验，也可以指知识表征主体所处的外在环境或语境。据此我们得知，知识表征的主体与环境之间是相互作用的整体，情境是知识表征的背景，对知识的表征有指引和支撑的作用，是知识得以表征的内在有效资源，知识的表征就是在这特有的自然情境中发生的，“是心智-环境经纬编织（woof and warp）的整体的产物，它总是相对于某个共同体的视域而被理解和具有意义”[①]。因此，知识表征主体无须完全表征世界和建立世界的模型，相反，主体同他者、社会、自然环境形成整体共同构成知识的表征及意义。

作为一种温和的情境认知观，以人类学家莱考夫、心理学家布朗为代表人物的嵌入认知关于知识表征与环境的关系主张知识表征主体被嵌入环境之中，不能与其所处的环境相分离，即“心理过程……仅当其与主体头脑之外的特定环境合作时才能发挥其被设计的功能”[②]。换言之，认知主体所处的环境是形成知识表征、完成认知任务的构成性参数和必要条件。这就强调了主体在知识表征过程中对身体的物理结构以及外在环境结构的依赖，是一种“依赖论”，而非“组成论”。由此我们得知，嵌入认知意识到了外部环境以及操作结构在知识表征过程中的重要性，但并没有赋予外部环境以认知地位，而且由于大部分情境认知的支持者也认同这种观点，所以，一般意义上的情境认知理论也可以是情境嵌入认知观。

同样承认环境因素作用于认知过程的生成认知也是第二代认知科学的组成部分，最早由瓦雷拉（F. J. Varela）、汤普森（E. Thompson）以及罗施（（E. Rosch）提出。他们受胡塞尔（E. Husserl，1859—1938）和梅洛-庞蒂（M. Merleau-Ponty，1908—1961）现象学的影响以及具身认知的启发，并从具身认知延伸出来。在他们看来，认知科学既要以身体的物理结构为基础，又要将认知主体的个体经历纳入认知过程中。使用“‘生成的’术语，旨在强调一个日益增长即认知不是一个既定的心智对既定的世界的表征，它毋宁是在‘在世存在’（being in the world）施行的多样性活动的历史基础上的世界和心智的生成。因而，生成进路对视心智为自然之境的观念采取了严格的哲学批判，但它通过从事科学中心地带的问题而走得更远”[③]。由此可知，生成认知不同于以往笛卡儿式的极端主观主义或极端客观主义的单向认知方式，反对知识是对外在世界的纯粹表征或者是认知主体的主

① Hutchins E. 1995. How a cockpit remembers its speeds[J]. Cognitive Science, 19(3): 265-288.

② Rowlands M. 2010. The New Science of the Mind: From Extended Mind to Embodied Phenomenology[M]. Cambridge: MIT Press: 3.

③ Varela F J, Thompson E T, Rosch E, et al. 1991. The Embodied Mind: Cognitive Science and Human Experience[M]. Cambridge: MIT Press: 156.

观臆造，体现了心智所具有的既是生物的又是现象学的双重性质，主张知识的形成是认知主体的有机体与环境耦合的历史的产物，是有机体与环境在相互作用中共同涌现（co-emergent）出来的。因此，生成认知关于知识如何表征的研究寻求的是将主体与环境相融合的中间道路，体现环境因素在知识表征中的参与。

同嵌入认知以及生成认知相比，在环境对知识表征的影响中，走得更远、更激进的是 20 世纪末出现的延展认知观，延展认知观主张，认知过程不仅是心智的活动，同时也可以延展到认知主体所处的环境之中，即认知不仅仅是大脑内部的活动，也可以在大脑之外进行，环境是心理或认知过程的一部分。与之前环境、社会等因素会参与、影响知识表征的过程相比，环境因素由参与者转变为具有认知功能的载体。延展认知这种激进的观点也因此遭到一些学者的反对，并在其支持者与反对者之间引起激烈的论战。查尔默斯（D. J. Chamers）以及克拉克在 1998 年《延展心智》一文中称，仅仅将心智局限在大脑中是武断的，心智、身体与环境之间并没有严格的区分，它们之间相互作用，形成动态的耦合系统，在耦合系统的运作中产生知识。反对者则认为，延展认知“混淆了因果关系和构成关系”[①]，环境因素会影响知识表征，但不能因此说明环境就是知识表征活动的一部分。当然，这种争论是围绕认知的界限展开的，无论持哪种观点，都不否认环境因素对认知过程的参与和影响。

综上，传统认知科学之后所提出的这几种理论，摒弃了以往经典范式在知识表征的观点中仅注重大脑内信息的加工与计算，而忽视身体与环境对认知的作用的观点。尽管它们之间也存在细微的差别，但都主张引入认知的身体维度、社会维度、环境维度，凸出知识表征的社会性、语境性和系统性，强调这些外部因素在知识表征中的重要作用，从而弥补了以往知识表征观的缺陷，达到对知识如何表征的全面理解。

二、社会知识表征的特征

个体知识表征在一定程度上促进了科学的进步和知识的发展，但没有全面、完整地解释知识的表征过程。库恩范式革命的出现使知识表征的研究在哲学、科学以及社会学中都转向了关于知识表征社会性的研究，将知识置身于当代社会、

① Adams F, Aizawa K. 2001. The bounds of cognition[J]. Philosophical Psychology, 14(1): 43-64.

历史和文化背景中进行考察，最终形成“社会知识表征”[①]，并形成社会知识表征的特征。

（一）社会知识表征的主体——共同体

我们知道，以往个体知识表征为了保证知识的客观性，将知识表征限定为科学家或哲学家个体的活动，保证知识表征的过程不受他人等外在因素的影响。因此，无论是在古典哲学中，还是近代的唯理论、先验论或者是认知科学初期对知识表征的研究都是认知个体依靠记忆、推理、判断等认知活动对自然世界的反映。但后来社会科学的发展却主张，在个体知识表征过程中，认知个体只是作为旁观者对知识进行研究，在认知过程中通常处于沉默状态和被动地位，会造成认知的主客二元论。这样的个体知识表征也由于忽视了认知主体的能动性而成为一种“反人的”知识形式，也会由于在科学知识的研究中“消灭了作为科学主体的人本身，使科学成为一个毫无激情的非主体性的物的机械信息处理过程”[②]。在科学建构论的影响和推动下，以往这种“不在场的”科学才逐渐演变为一种注重认知主体及其行动的科学。因为“科学是人创造的整体系统，它是人类主体的能动活动。在科学认知形成的全程中，个体的参与无时不在”[③]。因此，在知识或科学知识表征的过程中，要将客观性与认知主体的能动性、人性统一起来。

不仅如此，将认知主体与知识表征相结合，也顺应科学与社会发展的要求。与传统社会相比，现代社会具有发展速率快、规模大、异质化程度高、牵扯的关系广、利益复杂等特点。在这样的时代背景下，科学的研究与知识的形成不可能仅仅凭借个体理性的思考，必然要将个体的兴趣、价值观等因素带入知识表征的过程中。由于科学家也是有情感、兴趣爱好并代表一定利益的人，因此，将知识的表征视为认知个体以纯粹或绝对理性追求的结果是一种乌托邦式的空想。除此之外，单一认知主体仅凭一己之力也不可能胜任复杂、庞大的科学研究或者科学实验，还需要多个认知主体之间商讨、协助、共同研究，甚至涉及多个部门之间的参与和协助，久而久之，这种认知共同体就成为一些学科默认的主体形式。杜威曾对认知个体通过经验获得科学知识提出质疑，在他看来，不仅个体的经验不

---

① 社会知识表征，是对知识表征的社会性研究还是对社会知识的表征的研究？这容易产生歧义，使人困惑。在这里我们要考察的是当代社会背景及“大科学”时代的知识表征，这个时代的知识生产从本源到最后产生必然要考虑社会因素，因此，在这里社会知识表征是指知识表征的社会性研究。

② M. 波兰尼. 2004. 科学、信仰与社会[M]. 王靖华译. 南京：南京大学出版社: 9.

③ M. 波兰尼. 2004. 科学、信仰与社会[M]. 王靖华译. 南京：南京大学出版社: 10-11.

确定，而且对经验不确定性的克服也不确定。这种困境在后来的知识社会学以及科学社会学中得到解决，它们将知识表征的主体界定为科学共同体，将知识视为科学共同体的产物，从而使知识的确定性得到保障。

“科学共同体”在库恩的《科学革命的结构》一书中被正式提出，从而将主体因素纳入知识表征过程的观点推向顶端。在库恩看来，科学共同体才是知识表征的真正主体和起点，因此，科学知识表征的主体应由个体转向共同体。当然，科学共同体的构成并不是随意的，“直观地看，科学共同体是由一些学有专长的实际工作者所组成。他们由他们所受教育和训练中的共同因素结合一起，他们自认为，也被人认为专门探索一些共同的目标，包括培养自己的接班人。这种共同体具有这样一些特点：内部交流比较充分，专业方面的看法也比较一致。同一共同体成员很大程度吸收同样的文献，引出类似的教训。不同的共同体总是注意不同的问题，所以超出集团范围进行业务交流很困难，常常引起误会，勉强进行还会造成严重分歧”[①]。可见，认知共同体是按照一定的价值承诺体系形成的，是相对固定的。同时我们知道，由共同体研究形成的科学知识、共同拥有的价值观念等共同构成科学研究的范式，这种范式不仅具有稳定性的特征，也具有历时性的动态特征，一旦科学共同体发生变化，就会发生科学的革命，从而使知识的表征发生变化，因此，科学共同体是知识表征的基础。

库恩关于科学共同体的论述丰富了科学共同体的内涵，影响了之后研究中关于知识表征主体的界定。坚持所有知识包括科学知识的形成都具有历史语境性的科学知识社会学主张科学共同体既是知识表征的主体，又是知识表征的源头，在其中发挥重要作用。在科学知识社会学家看来，科学知识的形成是科学共同体利益驱动的结果，具有社会合理性，体现着一定的经济利益、民族利益等。可以说，利益是形成科学共同体并使其从事科学研究的重要原因，知识的形成与表征就是通过科学共同体的协商达到一致的利益之后的结果。笔者认为，科学知识社会学对科学共同体的界定较库恩的价值共同体更为宽泛，从而导致知识的表征由于只注重社会因素而陷入相对主义的困境，但这种困境最终通过拉图尔、皮克林（A. Pickering）对共同体的修正得到改善。

可见，在个体知识表征之后，知识表征的主体由认知个体变为认知共同体，并作为参与者进入知识表征的过程，采用第一人称的方法对外在世界进行研究，克服了主客二元对立的局面，开启了知识表征研究的新时代。

---

① T. S. 库恩. 2004. 必要的张力：科学的传统和变革论文选[M]. 范岱年，纪树立译. 北京：北京大学出版社：294.

（二）社会知识表征的过程——语境化原则

个体知识的表征体现的是一种自然之境，在知识表征过程中力求避免外在因素影响对世界的如实反映，追求对世界的客观反映。因此，在知识的表征过程中秉承客观性原则，以此探索世界的本质与普遍规律，形成主体的认知与普遍性知识的表征。但随着知识表征的研究逐渐转向对社会性维度的关注，知识表征的过程也不再追求以绝对理性、客观性为研究原则，而是主张通过加入社会性、环境以及身体自身物理的、非理性因素，进行语境性的研究与理解，以还原知识产生的真实过程。

语境的研究最初在语言学领域开始，由马林诺夫斯基（B. Malinowski，1884—1942）提出，认为对语言意义的理解要参照主体所处的情境，这样才能对语义有全面、准确的把握，换言之，话语只有在其所处的语境中才能获得意义，“一方面语境限制了意义可能的解释域，另一方面又赋予了意义内涵的解释”[①]。知识表征是认知主体与客体相互作用的过程和结果，因此，在知识的表征过程中，不能撇开认知主体、客体以及它们所处的环境因素，而要将它们都作为认知过程中的参与因素进行研究。值得注意的是，这些因素的综合作用，并不是各个因素之间简单地相加或集合，而是参与其中的各要素的相互融合，是一种有机的、综合性因素的体现，这种综合性的因素就是语境性因素。鉴于知识表征的过程是一种认知过程，知识表征过程中的语境可称为“认知语境”，社会知识表征的研究趋势就体现了其语境性研究的趋势。

受以往思维方式以及科学观的影响，个体知识的表征只是一种“镜式反映”，且在这个过程中由于摒弃了许多所谓的非理性因素，所以仅停留于一种研究分析上，而非整体的、真实的反映。作为一个非常庞大的工程和复杂的认知过程，知识的获得既包括实验、研究方法、研究对象，也包括研究主体的背景、资源的分配、涉及利益的协调、社会政策的取向等大量语境因素，一切都会对知识的表征结果产生影响，任一方面的变动都可能引起结果的偏差。例如，研究主体的爱好兴趣、价值观会在研究中起微妙的作用，皮克林就指出：“研究战略是根据科学家个人已享有的资源在不同的语境下做出创造性探索的机遇而定的。”[②]又如，科学家在科研项目的选择以及内容、结论的获得上都会受课题评审委员会的审

① Lyons J. 1977. Semantics[M]. New York: Cambridge University Press: 410.

② Pickering A. 1984. Constructing Quarks: A Sociological History of Particle Physics[M]. Chicago and London: The University of Chicago Press: 11.

查，是在社会语境网络之中进行的。更为甚者，科学共同体磋商的标准也会随着具体语境诸如社会利益、赞助者的利益等的不同而改变，因为科学的研究是在一定的社会语境中进行的，因此，研究的标准和目的就是要满足公共的需求，而非获得独立于语境的真理。

社会知识表征的这种语境性原则体现了知识表征过程的完整性，将表征过程中的要素内化为认知主体的经验与认知，形成凝固完整的整体，进而运用综合性思维达到对事物本质的认识。可见，社会知识表征的语境性原则体现了一种整体性、全面性的把握。同时，这种语境性原则将认知主体与知识表征的认知活动密切结合，关注二者之间的交互作用，消解了以往认知个体作为“参与者”的二元对立关系。其中，认知主体的参与，既包括主客体之间的相互影响和渗透，又强调认知主体之间的关系，即主体间性对认知的影响，他们的爱好、利益关系等都会夹杂并体现在知识表征的结果中。

以上论述表明，知识的表征是镶嵌于实践以及社会情境中的，具有地方性、语境性、动态性、完整性等特征，普遍性的个体知识表征观仅是一种空想，不可能实现，而将研究的过程置于具体语境并从实践的角度重新考察表征过程的社会知识表征才可能对知识达到全面的理解。

（三）社会知识表征的形式——不完全表征

个体知识表征的研究体现的是主客二元世界的分离，其结果体现的是一种认知二元论，也是认知主体对外在世界的如实反映。在认知科学中，笛卡儿的二元论思想也被发挥得淋漓尽致，计算表征主义对知识表征过程的解释就是通过计算机的符号操作系统将外在世界的情境刻画出来的，是对现实世界的完全表征。在笔者看来，完全表征在一定程度上可以达到认知主体对世界的认识，但这种知识的完全表征并不能真实、完整地反映社会存在。因为科学活动是认知主体的实践活动，认知的获得不能仅仅依靠纯粹的逻辑系统和理性来提供，也包含着许多非理性因素。塞尔“中文屋”思想实验的提出就足以证明计算机表征能够辨别的仅仅是所有的符号，而不能对符号所承载的意义进行说明，完全表征并无法把握现实的全部内容。

再者，个体知识的完全表征是一种静态的表达，仅是认知主体内在思维过程的表达，这种静态的表征在库恩之后注重情境、历史和主体的研究中遭到批判。科林斯（H. M. Collins）在其相关研究中指出，“在某个社会环境中，‘正确的科学方法’应用于一个问题会得出结果 P；在另一个社会环境中，‘正确的科学方法’应用于同样的问题却会得出 Q，而 Q 可能意味着非 P”[①]。因此，完全表征就因其无法体现社会历史的动态过程而逐渐失去其解释效力。面对完全表征的不可完全性，以哲学界的转变为主要推手，随之而来的社会学和认知科学都在发生关于知识表征研究的变革。在知识表征的研究中，注重对历史情境性、主体创造性以及身体、文化等全面的考察，目的不在于对研究对象做精准的刻画，而是要体现有社会、主体、对象等共同参与的、完整的画面，这样的知识具有完整性、具身性、反身性等特征。

既然完全表征具有静态性以及不完全性的缺陷，在知识表征研究的社会性转向中，是否就可以抛弃知识的表征？或者说，表征是必要的吗？

个体知识表征这种完全表征形式体现的是主体内在的思维活动，是内在表征，知识的社会性就是对这种完全的内在表征表示质疑，认为情境、身体、社会性的因素在认知过程中不形成表征。以情境认知为例，情境认知认为认知与情境相关，知识的研究与形成要考虑认知主体所处的环境，而不能从其所处的环境中抽离出来，这样，与外在情境相关的信息就不用表征，通过环境就可以表达出来，仅需要对情境以外的信息通过大脑的理性思维得到表征，因此，这种表征是一种不完全的表征。这种不完全表征不是通过单纯的符号操作对认知进行研究，而是认知主体与对象的互动与耦合，使认知主体与环境共处于一个研究系统中。

但也有激进的认知主义者则完全否定表征的存在，以具身隐喻为基础的动力系统理论者就认为表征在体现认知结果方面完全是错误的，知识的研究形成应该是非表征、非计算性的，不是仅仅依靠物质工具就可以完成的，而是在认知主体、环境与身体的交互作用中耦合（strong coupling）而成的，因此，否定知识的表征性。布鲁克斯（R. Brooks）就宣称，“可以建造一种完全自动与能动的行为者（创造物），同人类一样，它们也存于世界上，并被人类认可是有自己权利的智能存在。这种创造物在变化的环境中能随机应变地应对各种问题。它们有多种目标，能适应环境，也能利用偶发环境”[②]。布鲁克斯的方案是把复杂系统分解为部分来建造，再连接到复杂系统中。他所设计的机器人，是靠控制不同的层次直接与环境作用，因此根本不需要表征。

这种完全否定表征的观点由于比较激进而遭到知觉符号系统认知的反对，

---

① Collins H M . 1981. Stages in the empirical program of relativism[J]. Social Studies of Science, 11(1): 6-7.
② Brooks R A. 1991. Intelligence without representation[J]. Artificial Intelligence, 47(1): 139-159.

“认为知觉不是一个纯粹的自下而上的过程，没有复杂推理和知识发展是如何进行的模型，我们就不能理解知觉表征是如何被建构的”[①]。对此，国内学者李恒威也持相同观点，在他看来，表征的存在使人类得以拥有内在独立的思维世界，但是，耦合的存在又使这种独立性具有相对性，即完全表征不可能存在。换言之，我们虽没有完全的独立性，却有相对的独立性；虽没有完全的表征，但有不完全的表征。因此，应将两种极端的观点进行融合。

通过论述我们得知，较完全表征关于表征是认知的充分必要条件而言，不完全表征则主张表征对认知而言是必要的，但并不是充分的。因为表征的概念不仅没有完整反映对象的信息，反而遮蔽了认知主体对研究对象认知的基本维度，妨碍了对事物本质的把握和解释，不完全表征则是多维度、全面、动态的认知活动。值得注意的是，这种不完全表征不是对完全表征的否定和替代，而是对认知研究的拓展，是人类认知活动中的普遍存在。

第三节　环境在知识表征中的作用机制

继杜尔凯姆提出“集体表征”及相关理论，哲学及科学中关于知识表征的研究所做的个体性解释的局面被打破，转向对知识表征更为宏观和复杂的研究与解释。其中，科学知识社会学、认知科学等学科的研究将外在的环境因素介入知识表征过程，挑战了传统认知观将知识表征视为个体内在心理活动的主张，引发了人们对认知过程一系列问题的反思与探索。

值得注意的是，知识表征由个体性向社会性转向的过程中，环境因素的逐渐渗透体现了由内在主义向外在主义过渡的知识观。延展认知的提出引起了关于环境在知识表征过程中能否成为心智载体的激烈讨论，延展心智观主张，知识表征需要借助外在的环境与工具才能完成，心智可以延展到大脑之外的物理世界，认知系统中的环境也具有心智。反对者则围绕着环境的耦合、功能地位等对其进行反驳。这种争论肯定了环境因素在知识表征过程中的地位与影响的同时，也反映了对认知本质理解的不明确性。

① 于小涵. 2010. 认知系统性的研究——基于分布式认知的视角[M]. 北京：中国社会科学出版社：58.

一、内在论与外在论的认知观之争

知识如何形成与表征的过程，呈现着由个体知识表征向社会知识表征的转向，也体现了内在论向外在论的过渡以及两种知识观点的争论，且这种争论已经日益演变为一场学术界的混战。这是因为，内在论与外在论不再是两个单纯的概念，而是两种不同的研究与解释视角，涉及并衍生了许多不同的理论。历史地看，内在论与外在论的关系问题由笛卡儿引发的心身关系问题转化而来。笛卡儿之后，哲学界关于人的心理状态是否依赖身体这一问题的解答形成了两种派别，当然，主张心理状态与身体之间的彼此独立性是最初大多数哲学家所坚持的观点。然而，“当代物理科学的进展已经清晰地证实了心理状态与神经生理状态之间的紧密联系，以至于现在一般都认为心灵在本体论上是依赖于身体的”①。不仅如此，当代心灵哲学、认知科学在对知识表征的研究中，扩展了对传统心身关系问题的关注，将其延伸至心、身以及外部环境因素这样更为宽泛的关系网络中，并形成了关于认知主体的心理状态是否依外部世界的两种观点。这样，有关知识表征的内在论与外在论之争在此意义上得以凸显。

知识表征的内在论是将知识的表征视为认知个体大脑内部生理神经状态和机制的产物，免受个体物理及外部环境影响，是认知者内在、理性、独立的思维过程和心理过程，并且只有这样的知识才能得到辩护。相反，知识表征的外在论则强调，知识的表征是在认知主体的心理因素与外部因素共同作用下完成的，其过程诉诸认知主体所处的历史、文化等历时性与共时性因素的共同作用。相比较而言，笔者认为内在论在哲学发展史上有着更早且更为深厚的理论渊源，笛卡儿之后，关于知识表征的内在论在当时哲学发展中占主导地位，同一时期的贝克莱、莱布尼茨以及休谟等哲学家的思想中也都渗透着内在论的思想。甚至当代的物理主义理论及认知科学中的心身同一论、功能主义等都仍深受笛卡儿内在论思想的影响。尽管这些学术流派在哲学观点上有很大分歧，例如，心脑同一论将认知主体的心理状态归因于大脑的神经状态，人的不同的心理状态可以依靠其自身的性质得到解释；而受人工智能影响的功能主义却认为“一个心理状态的性质是由它在整个认知系统中的功能或角色所决定的，其功能或角色则是由它与环境输入、行为输出以及其他心理状态之间的关系来确定的”②，即人的认知与身体或生理

① Edwards S D. 1994. Externalism in the Philosophy of Mind[M]. Brookfield: Ashgate Publishing Company: 8.
② Levin J. 2004. Functionalism. https://plato.stanford.edu/entries/functionalism/[2020-2-2].

的材料无关。但是，这些观点在否认人的心理状态依赖于认知主体所处的外部环境因素的主张上却持相同观点，亦如柏奇（T. Burge，1946— ）对内在论的界定："依据内在论关于心灵的看法，所有人或动物的心理状态（和事件）都有着这样的心理本质，即个体在这些种类心理状态下的存在与个体的物理及社会环境的本质之间没有必然或深层的个体化关系。"①

在笔者看来，内在论采用内在的、第一人称的方法为知识辩护，并获得真理，这样的观点在相当长的时间内都占据主导地位，并被看作是合理的。但随着社会学、认知科学以及心理学等学科的发展，人们逐渐提升了对内在心理本质的认识，开始重视认知过程中的环境、身体等因素对心理状态的影响和作用。并意识到，以往内在论的认知观是片面的、有局限的，不能通向真理，因此，内在的辩护是不可靠的也是没有必要的，这就引起了外在论与内在论的争论。外在论认知观的核心观点是，认知主体外部的环境和身体因素会对人的内在心理状态产生影响，甚至在某种程度上对认知过程起决定作用，所以，在知识表征过程中，要考虑外在社会环境因素的影响，这样形成的知识才是全面、正确的。

最早确定认知主体的心理内容会受外在环境因素影响的是普特南。他通过"孪生地球"的思想实验引出语义外在论的观点，肯定了意义的发生与认知者的外在环境之间的相关性，得出"意义不在头脑之中"的论断。在其《关于"意义"的意义》一文中，普特南强调，自然种类术语的意义与内在的心理状态有关，尤其是与主体所处的外在世界及语境等多种因素的相互作用相关，因此要对词语的意义进行全面描述，就必须把握与其相关的各种因素。受普特南外在论思想的影响，柯林·麦金（Colin McGinn，1950— ）继续将这种外在论思想引入心理内容的研究中，认为"某些信念不能完全依赖由这些信念持有者内部的物理性质所决定，其内容也是外在的"②。相比较而言，我们可以将柏奇的外在论观点视为一种社会的外在论思想，他批判普特南那种物理主义性质的或建立在心身随附性基础上的个体论观点。在他看来，"即使与环境相分离的个体身体的历史保持不变，个体所用语词的指称在原则上也是经常变化的……思想是个体关于世界的观点。意义或含义粗略地说是说话者用语言表达这种观点的方式……一语词所意指的东西，甚至个体习语所意指的东西，依赖的是作为分子结构来看的个体身体之外的环境因素"③。这里的环境既指物理环境也指社会因素。因此，我们得知，

① Burge T. 1986. Individualism and psychology[J]. Philosophical Review, 95(1): 3-45.
② McGinn C. 1977. Charity, interpretation, and belief[J]. Journal of Philosophy, 74: 521-535.
③ Burge T. 1990. Where is language social[A]?//Anderson C A. Propositional Altitudes[C]. Stanford: CSLI: 72-79.

意义既与个体内部心理结构、状态有关，也与社会环境有关，而且语言的意义并非取决于个人，而是存在于共同体中。可见，普特南、柏奇等已在心灵哲学的范畴中对内在论进行了激烈的批判和反驳。而在认知科学中，认知主义作为一种内在认知的观点，也在后来具身认知、情境认知等研究进路的发展中遭到批判，这种批判主要体现的就是外在认知主义对传统内在认知主义的不满和修正。值得注意的是，20 世纪 80 年代，由克拉克和查尔默斯提出的延展心灵论题，将一种积极的外在论思想带入人们的研究视野，使外在论理论又向前推进了一步。

概言之，知识表征作为一种心理表征及体现，定然与外在的物理和社会环境相关，因此，知识表征过程的研究也由以往内在论的研究逐渐转向外在论的解释，环境因素作为最关键的要素之一，它在认知过程中的地位与意义逐渐被重视并被讨论。

二、环境对知识表征的渗透：由零相关到延展

使认知主体的心理表征活动及行为脱离其成长的历史、文化、背景和所处的语境当然不现实，知识的表征必然是个体的内在心理状态与外在环境共同作用的结果，环境因素是认知过程中必不可少的参与性要素。

在心智成为心理学的研究对象之前，尤其是在笛卡儿二元论思想的影响下，哲学以及自然科学对人类内在心智以及知识表征的研究仅停留在对外在世界进行客观表征的阶段，在物理主义的基础上使大脑的认知与外在世界相连，从而获得关于外在事物的信息。直至心理学、认知科学出现，打开了以往关于大脑研究的“黑箱”，认为在知识表征（个体知识表征）的研究过程中，认知主体的大脑在其中起着指挥者的作用，统领知识表征的全部过程，通过大脑便可以客观反映外在事物的本质与特征，并获知该事物的信息与知识。这种个体知识表征的过程受笛卡儿思想的影响，被视为孤立的、机械的表征过程，体现的是一种线性关系。并且，这种内在论的知识表征观，仅突出了内在大脑的地位与表征功能，认知主体的主体性因素、身体因素以及外在环境因素被研究者忽略，成为知识表征过程中缺席的一部分，或者说，身体、环境因素在知识表征最初的研究中与知识表征之间是零相关的，外在环境与知识的表征之间不具有构成关系。

环境因素在知识表征中的地位很快被后来提出的具身认知所提升，其成为知识表征中的一部分。以往知识表征的过程由于忽视了人作为能动性主体的作用，

尤其是人工智能认为通过计算-表征就可以使计算机代替人脑，这种机械的知识表征观实质上体现了一种笛卡儿式的焦虑，遭到许多学者基于神经学、生物学的批判。

因为“人脑在进化过程中形成了许多用以解决不同问题的高度特异性的结构，认知和智能活动不是由建基在公理上的数学运算所能统一描述的现象，无论是符号主义还是联结主义都受害于唯理主义倾向,都是用在物理学中获得成功的方法和简单而漂亮的形式系统来解释智力……要在认知科学领域有实质性突破，就应当放弃唯理主义哲学，从生物学而不是物理学中去寻找启示和线索”[①]，于是，在人工智能领域，一些研究者转向对生物有机体的研究，并提出一种新的认知观——具身认知。具身认知在认知表征的研究中采取了不同于以往的研究立场、方法和工具，强调知识表征过程与身体的结构、体验、感知等相关，实现了身体在知识表征过程中的回归。同时，它重视环境在知识表征过程中的作用，认为知识的形成与表征来自主体的多重经验和体验，而这些离不开身体与环境的交互作用。由此我们得出，身体、环境与知识表征具有关联性，知识表征过程不再是孤立的、机械的、平衡的状态，而是开放的、随机的、动态的认知系统，是非线性的、离散的认知图式的体现。因此，在具身认知的知识表征观中，环境成为其中的组成部分而存在。

具身理论提出后，知识的表征观发生了很大转变，并在此基础上进一步延伸出情境认知、嵌入认知、生成认知等相关理论，它们不同程度地强调知识的表征过程以及在对知识表征的理解中环境因素的参与和作用，并将其放入认知过程进行解读，使其成为认知过程中的必要因素。同时，随着社会学研究进路的展开，知识表征的研究也从微观个体的视角转向宏观、社会的考察，由科学家个体的行为转向知识的社会生产，肯定了环境、社会、利益及认知主体的喜好、价值观对知识表征的影响和渗透，甚至在一定程度上将知识表征视为主体建构的产物。在这一阶段，环境在知识的过程中会间歇性地发挥重要作用。

值得注意的是，无论是具身认知抑或是后来的情境认知、嵌入认知，或者是科学知识社会学对知识表征的重新解释，都肯定了环境因素与人的内在心理的相关性，肯定了环境的变化会影响人的内心状态。我们可借用函数 $y=f(x)$ 对这种关系进行表示，即 x 代表环境因素，y 是认知结果，随着环境 x 的不断变化，认知结果 y 也会产生相应的变化，也就是外在论的知识表征观。无论是个体的认知

① 刘晓力. 2003. 认知科学研究纲领的困境与走向[J]. 中国社会科学, (1): 107.

还是共同体的认知，在笔者看来，大脑仍是信息的处理系统，而外部环境是认知的对象，但同时环境又是会影响知识表征的重要因素，甚至是决定因素，这就扩展了以往关于认知过程的认识。

但是，克拉克与查尔默斯指出了这种外在论的不足：首先，看到了环境在知识表征过程中的作用，发现了二者间的因果关联，却没有足够深入地认识到环境在知识表征中也具有构成性地位和关系；其次，仅将认知局限在大脑内，将其视为大脑内部的活动，而没有将其延展到外在环境中，没有将认知视为主体与环境共同构成的结果。显然，这些只是消极的外在论思想。1998 年他们发表了《延展心智》一文，提出“延展认知”（extended cognition）的观点，通过确定环境在认知过程中的积极作用，对心智以及认知过程进行重新说明和解读，体现了一种激进的具身认知观，也可称为积极的外在论。

根据延展认知，环境与心智并非两个分离的部分，它们之间不存在严格的界限与区分，认知表征中借用的工具、设备、外部环境等因素发挥着越来越重要和明显的作用，完全可以成为主体认知与心智的延伸，并在适当的条件下，可以是心智的合理组成部分。因此，知识的表征过程不应被局限在大脑之内进行，而是认知主体与环境因素共同作用的完整认知系统。这种延展认知所导致的直接后果就是，打破了传统认知表征中以大脑为统一指挥者的角色，而使认知主体的大脑、身体和相关环境因素同处于平行且相互耦合的地位，共同发挥着参与性作用，并构成一个非线性的、自组织的具身-嵌入式认知动力系统。同时，延展认知将心智扩展至大脑之外，将环境看作心智的载体而具有认知功能，并在认知系统和认知过程中发挥认知功效。

三、关于环境能否成为心智载体的争论

知识的表征过程由仅是个体大脑内部的活动，逐渐过渡到认知主体的身体及环境在其中的参与及影响，尽管如此，知识表征仍是大脑内部的活动，这一观点不置可否。随着环境在知识表征过程中的不断渗透，延展认知则试图超越这种认知观，承认知识表征过程确实依赖环境因素，但这种依赖不仅仅是因果性的依赖，事实上，身体与环境构成了知识表征过程，认知可以延展到周围的身体与环境中，如科学家依靠实验室、仪器才能获取科学知识，恰恰说明外在的环境与工具承载了人们的记忆与心智，只有依靠它们，认知的任务才能完成。

为了论证延展认知假设，克拉克和查尔默斯提出了英咖—奥拓的思想实验①，证明人们在认知过程中可以借助环境、工具等外在因素承担认知功能，补充认知机制。在他们看来，人们之所以会在计算大额数据时借助纸、笔，是因为人类短时记忆的局限，奥拓之所以要使用记事本，是因为他不具有像英咖那样正常的长时记忆功能，借助笔记本，则可以弥补缺陷，实现其与英咖大脑在记忆功能上的一致性，对博物馆的地址产生相同影响。可见，外部环境工具与大脑可以发挥同样的认知功能，承载认知的内容，外部工具也因此可以纳入认知系统，成为其中的组成部分。不仅如此，他们还认为，“在对心灵进行说明时，一定要有头骨内外的界限，完全是多此一举……如果抛弃心灵只在生物脑中的偏见，打破用头骨和体肤为心灵划界的霸权地位，就能更好地理解人类作为世界造物的真正本性了”②。维勒（M. Wheeler）也通过从反面论证传统认知内在论不能对认知心理活动进行充分论证，从而主张突破内在论的观点，将环境介入认知系统中。

延展认知将认知过程界定为心智与身体、外部环境的动力耦合系统，在这个系统中，主体的心智可以跨越到外部环境中，环境可以是心智的一部分，这颠覆了以往认知仅存在于大脑神经系统中的观点，也因此遭到传统认知观的反驳与批判。亚当斯和埃扎瓦在《认知的边界》一文中曾指出：“近年来，认知科学的工作认为，认知过程从物理世界延展出了大脑和身体的边界。”③这种跨越头颅与身体的认知是虚构的，认知仍是主体大脑内的活动，根植于大脑，是有界限的，认知主体的心智和认知边界要回归到认知个体中，环境仅仅是影响认知过程的其中要素。我们可以将这两种观点之间的论战看作是围绕环境能否成为心智的载体这一中心问题而进行的，是根据环境与认知的关系所分化出来的两种立场，也是关于知识如何表征的两种哲学态度（经验论和唯理论）的讨论的延续。我们从两方面对这一问题进行审视。

一方面，人脑与环境构成的“耦合”能否成为环境具有心智的标志？“耦合”的观点是在对传统符号表征认知观的批判中提出的，在传统认知观中，认知主体与外在环境之间体现的是一种线性关系，主体完全独立于环境，二者之间是去耦

---

① 英咖是一位身体健康的普通人，他从朋友那里获知在现代艺术博物馆有一场精彩的展览，想了想博物馆在 53 号大街，于是英咖便径直走向 53 号大街的博物馆。与英咖相比，奥拓患有阿尔茨海默病，即老年痴呆症，只拥有短时记忆，因此，行事必须依靠外在环境的帮助，当他也听朋友说现代艺术博物馆有展览时，他便将此事记在随身携带的记事本上，并在记事本上查询博物馆地址，同样最终也找到博物馆。

② Clark A, Chalmers D. 2002. The extended mind[A]// Chalmers D. Philosophy of Mind: Classical and Contemporary Readings[C]. Oxford : Oxford University Press: 650.

③ Adams F , Aizawa K. 2001. The bounds of cognition[J]. Philosophical Psychology, 14（1）: 43.

的，知识表征的结果是认知主体对环境的完全表征。但克拉克和查尔默斯则认为认知过程存在另外一些情况，其中，“人类机制与外在物通过双向作用的方式相联结，构成了一个就其本身可以被视为认知系统的耦合系统。在该系统中所有的组分都发挥着重要的作用，它们与内部的认知一样，以相同的方式共同控制行为。如果我们去除外部的组分，系统行为的完整性就会降低，就好像我们去除大脑这一部分一样。因此，我们认为这样一种耦合机制应当被平等地视为一种认知过程，无论其是否完全处于大脑之中”[①]。这就从新的角度对认知过程重新进行了论证，强调智能体与环境之间的联系，并且这种联系并不是一种简单的外在连接，而是两者之间变量的耦合，这种耦合使得环境在认知过程中发挥积极作用，影响智能体的认知判断。

诚然，认知过程或认知系统确实是智能体与环境的耦合，但“耦合”并不足以证明环境等同于心智、具有心智，也不能成为心智可以延展的论据。否则就会混淆智能体与环境之间的因果作用和构成性作用，并导致亚当斯和埃扎瓦所认为的“耦合构成谬误”（the coupling-constitution fallacy）。笔者认为，尽管智能体的心智与外在环境同处于一个耦合系统，但认知的发生也只能是大脑活动的结果，不能因为一个外在的对象或过程 X 被因果耦合到一个认知系统 Y 中，于是 X 就变成了 Y 的一部分。若将认知过程所借助的工具如奥拓的记事本、大额计算借助的计算器和电脑都视为具有心智，那么，当我们播放音乐的时候，我们的心智就延展到 DVD 上了？显然不是。因此，不能将认知表征过程中的所有要素都归于认知功能和地位，要正确认识外在环境的本质，克拉克和查尔默斯通过耦合系统进行延展心智的论证并不充分，有过度诠释之嫌。

另一方面，环境或工具在知识表征过程中所具有的认知功能能否成为其具有认知属性的依据？这也是延展认知假设的前提。延展认知的理论可以简单解释为：在认知过程中，由于人的认知具有局限性，需要借助外在的环境、工具等因素完成认知过程，认知的界限也要根据认知所及的范围而定，作为认知工具的外在环境也因此具有认知的意义。根据这种观点，我们可以推论出：认知工具等外在环境由于与认知过程具有因果联系，发挥了认知作用，心智便可以在大脑、身体，甚至环境中多重实现，这就与传统功能主义的观点不谋而合。“按照功能主义的经典定义，某种东西是否成为某种心灵状态，不取决于这种东西的内在构成，

① Clark A, Chalmers D. 1998. The extended mind[J]. Analysis, 58(1): 7-19.

而取决于它在所组成的系统中的作用。”[①]克拉克和查尔默斯也曾明确指出，“使某个信息称为一个信念的东西在于它所起到的作用，没有理由认为相关的作用只能在身体内部发生”[②]。可见，延展认知关注的仅仅是认知过程中所涉及环境因素的功能，而非这些因素自身角色的实现。将功能视为具有心理性质的充分条件，最终会导致“认知膨胀的问题”（the problem of cognitive bloat）。

由此我们可知，心智是人脑神经系统所特有的功能，属于生物属性，外在的工具则属于非生物的性质。延展认知假设将二者建立在生物均等性的原则上，通过反对以往认知主义依靠大脑内在的计算和表征解释知识表征的过程和人类思想的观点，认为那种内在论是不充分、不完善的，不能将心智割裂为内外两部分，激进地将知识的表征过程或认知系统中内在的大脑与外在的工具视为一致的。这种均等性原则不仅遭到鲁伯特和福多的差异性论证的批判，同时也遭到了生物沙文主义的责难。此外，延展认知关于环境是延展心智的载体的论证还有许多不严谨之处，如不能仅通过对内在论的批判就说明心智可以延展到外在环境中。笔者认为，延展认知假设所具有的这些缺陷可以归结为，对认知本质、认知标志或认知界限认识不清，没有判定，导致主体之外的环境，更甚者扩展至外在一切事物皆可以具有心智，成为心智的载体，最终导致泛灵论的错误观点。

四、认知的本质

环境在知识表征中的逐渐渗透是知识表征的研究转向社会性的关键因素，但是环境是否因此成为认知的载体？归根到底，这是认知与非认知之间是否具有明确的边界的问题，也即关于认知本质的问题。只有确定认知的界限和心智标志，才能明确认知过程的发生，使认知过程不是随意设想的结果，或者任何能与心智产生因果作用的过程都被称为认知活动，并避免认知膨胀、泛灵论等错误的思想。

到底何为认知？事实上，在最初与认知相关的学科如认知心理学、认知科学中都对其有过论述。认知心理学将认知过程描述为是主体通过心理活动获得知识以及处理知识的过程，但这些都不曾对构成认知的条件或要素有过明确界定，使我们在认知过程中能清楚地判断出哪些环节或因素是属于认知的而非其他物理或数学的。亚当斯与埃扎瓦则在对颅内主义的辩护中，尝试性地提出以下两个因

① 郁锋. 2009. 环境、载体和认知——作为一种积极外在主义的延展心灵[J]. 哲学研究，(12)：91.

② Clark A, Chalmers D. 1998. The extended mind[J]. Analysis, 58(1): 24.

素以确定认知标准。

（1）认知包含着非衍生性的表征（non-derived representation），若认知过程中体现了衍生性的表征，则属于非认知的环节。衍生性的表征是对事物衍生性内容的体现，这种衍生性是因为表征对象的内容渗透了认知主体的意图，承载着认知主体所赋予的意义，如红绿灯、科学仪器等；非衍生性表征则是独立于或先于认知主体而存在的，如认知主体的直接感受、思想、知觉、体验等都属于非衍生性内容的表征，体现了认知主体对事物的源初性认知，因此也是认知的源头，与外在环境无关。换言之，认知主体关于知识表征的获得依靠的是认知主体的心理意向与自省，与社会约定俗成的习俗、惯例无关。

（2）认知是以特定类型的信息加工机制为核心的，即认知的作用机制与非认知的作用机制不同。亚当斯与埃扎瓦指出，认知是人或其他生物的大脑所具有的特定的信息加工形式，信息的操作、加工、转换与那些跨越大脑、身体和环境的过程所使用的方式必然不同。“例如，我们并不会认可通过图灵测试的机器就是一个认知主体。当人类和智能机器人在面临相同的情境时，他和它“脑”中发生的过程完全不同。”[①]如前所述，认知的这两个标准主要是围绕“心理表征”产生的，强调其神经生理学基础及作用机制，这就将延展认知中仅依靠功能关系就将其纳入认知过程的环境因素排除在认知的界限之外。

一般认为，仅仅通过表征就对认知进行界定是不够的，并不能全面把握认知的本质，因为认知过程的真正刻画绝非仅是主体的理性表征，也包括主体想象力的发挥和刹那间灵感的突现、不可言说的知觉等复杂的心理活动，它是包含多种因素的动态表达过程。由此，亚当斯与埃扎瓦提出的认知标准遭到质疑，并由于其无法解释外在社会、环境、他人等因素对个体认知的影响而遭到后来动力主义者的全盘否定。对此，延展认知的主张者罗兰兹（M. Rowlands）则提出了关于何为认知的另外一种标准，即“一个过程 P 只有同时满足以下四个条件才能称为是认知的：①P 涉及信息过程——承载信息结构的操作和转换；②这一信息处理过程拥有这样一种适当功能，它能够为主体或后续的处理操作提供可利用的信息，而这一信息在先前是不能利用的；③P 在主体中表征状态的产生使得信息成为可利用的；④P 要属于表征状态的主体”[②]。

---

① Adams F, Aizawa K. 2010. Defending the bounds of cognition[A]//Menary R. The Extended Mind[C]. Cambridge: MIT Press: 67-80.

② Rowlands M. 2010. The New Science of the Mind: From Extended Mind to Embodied Phenomenology[M]. Cambridge: MIT Press: 3, 16.

在这个认知标准中，心智不再是认知主体大脑的产物，而是具有弹性的心智，既可以存在于大脑之中，也可以延展到身体与周围环境中。不仅如此，社会学进路对知识表征的研究就体现了不同于以往机械式的认知，强调了认知主体的大脑、文化、身体、环境、社会等多因素的共同作用所构成的认知。事实上，库恩的范式将认知主体与认知工具、实验设备等看作一个整体的解释就体现了认知结构与社会结构的结合，科学知识社会学通过对科学知识的重新解释，也将社会因素纳入认知的过程，将人类认知界定为包含环境等多因素的集合。社会延展认知理论的提出者威尔逊提出的个体与社会文化环境支架（scaffolding）关系的理论，调和了认知过程中过于强调个体因素与过于强调社会环境因素的矛盾，指出个体心灵可以整合社会资源，因此，认知是个体的，但更是社会的。

不难看出，由于认知科学的复杂性尚未发展为一门成熟学科，关于认知的本质、认知过程或认知标志等问题的研究中仍存在争论，尚未形成统一定论。同时，这也是个体性与社会性关于人与环境的关系在认知领域中的体现，但不可否认，这两种类型的划分标准皆有其合理性及限度。对认知而言，表征并不是充分的，单纯的表征不能完整体现和解释认知的动态过程，然而表征却是认知的核心，因为表征功能是人与动物得以区分的标志性特征，因而也是人类心智的重要功能。当然，随着认知研究的日渐成熟，新的认知范式和理论的产生会在现有阶段的基础上进一步加深对认知本质的思考与探讨。

第四节　知识表征中的意向性

最初作为哲学中的词语，“意向性”一词主要是指认知主体的心理状态及活动，其意向性的实现总是与言语活动相关联。随着认知科学的兴起与发展，意向性也成为研究认知过程时所必不可少的核心概念之一。并且作为认知个体的心理状态，意向性的观点及其发展与知识的表征有必然关联，而知识表征的社会性转向，必然也与意向性的发展有某种联系。

一、意义是知识表征的基础

作为语言哲学、逻辑哲学、分析哲学以及早期科学研究中的核心概念，意义问题的研究关乎认识论、真理论、实在论等诸多问题，并且通常以意义的外壳——“语言”作为对其进行研究和分析的根本途径。这种观点长期占据主流，并在维特根斯坦关于“全部哲学就是对语言的批判”的论断中达到极致。认知科学最初的研究也与这种意义理论观点相呼应。作为语言表达的一种形式，知识的表征实质上是对事物内部或者事物之间各种凌乱的信息进行加工，显然，这并不是一个客观、机械的过程，而是一个意义的解读过程。因此，作为意义的载体，对语言、语句的理解及把握也就是对语义的掌握是知识表征的前提，即“语言的意义理论就是要详细地说明该语言所有词的意义和语句构成的运作，以产生对语言中每一个表达式和语句意义的说明”[①]。在此基础上，才能真正地了解知识组成元素的意义并对这些信息进行加工，形成知识。

认知科学最初在探索人类大脑的思维过程中，通过“图灵机”的建立和使用使知识表征研究取得很大进步，认为计算机软件与硬件的结合，可以模拟人的大脑和思维能力，因此，通过对计算机进行符号的输入、编程、转化以及输出过程，就可以完成主体同外界的相互作用而形成知识表征过程。但强人工智能[②]的宣称者却认为计算机完全可以代替人脑，同人脑一样具有心智、可以思维，通过符号的计算、表征可以将人类的认知过程完整地呈现。这种观点一经提出，便获得了认知主义者和一些哲学家的支持，作为其中的支持者，丹尼特就认为，人也不过是一台有灵魂的机器而已，为什么人可以有智能，而普通机器就不能呢？因此，计算机可以具有思维，可以产生知识。同样，这种观点也不乏反对者，其中，塞尔就认为计算机是根据语法规则对符号计算、操作形成知识表征，但在此过程中，计算机对符号的意义却一无所知，因此，这种知识是机械的表征，而不是有意义的理解的结果，为此，塞尔提出著名的“中文屋”思想实验进行论证。他的“中文屋”实验是这样设计的：一个对中文一窍不通、只懂英文的人被关在一个只有窗户的屋子里，屋子里挂满了写有各种汉字的卡片，还有一本英语规则书以供查阅。通过其中一扇窗户，屋内的人可以接收到屋外的人传递进来的写有中文汉字的卡片，他通过查阅英文词典，并仍用汉语的形式将之前的卡片按要求通过窗口

---

① Dummett M. 1993. The Sea of Language[M]. Oxford: Clarendon Press: 1.

② 随着人工智能的发展，它在研究、模拟人的认知、行为方面有突出贡献，甚至在某些方面可以代替人类、超越人类，也因此，出现了计算机完全具有思维能力，可以代替人脑的声音。塞尔根据人工智能领域中两种不同的看法，将其分为“弱人工智能”（weak AI）和“强人工智能”（strong AI）两种观点。“弱人工智能”认为计算机可以模拟人的思维，是了解人类思维过程的工具，在对计算机进行符号输入的过程中，符号并不涉及解释或说明的功能而只是按照要求输入，仅仅等价于对心智的模仿；“强人工智能”则认为计算机不仅可以模拟人的思维，是帮助人们思维的工具，而且只要在操作中运行正确的程序，就可以同人脑一样，具有心智，能够思维。

传递出去。在屋外的人根据传递出来的卡片会认为屋内的人懂得中文，并具有中文思维。而这显然与实际情况并不相符，屋内的人不过是按照规则书将图形、文字进行匹配而已。可见，“中文屋”是按强人工智能的观点进行的形象化设计，屋内的塞尔如同计算机的中央处理器，英文规则就是计算机中的“程序”，对于对中文毫不知情的屋中的人而言，卡片上的中文只是一堆没有价值和意义的符号而已。因此，尽管最终完成了问题的回答，但是，却不存在真正意义上的理解，有的仅仅是机械、客观地将符号依照语法进行纯粹的计算、操作、表征，因此，人工智能可以解释、模拟人的心智，但并不能代替人脑，不具有心智。

“中文屋”实验说明，计算机对认知或知识表征过程的模拟，有助于人们对抽象的内在认知过程直观地理解，但这种理解方式只是形式上的把握，是对外在事物的客观表征，是不足以容纳人类心智的意义理解。事实上，如德雷福斯所言：“支持符号信息加工的，不仅是笛卡尔和他的传人们，而且是全部西方哲学。”① 因此，最初的哲学、自然科学等关于知识表征过程的论述也是如此，仅仅将知识的表征视为“自然之境”。认知个体对外在事物的信息处理仅仅是通过大脑的记忆、存储、加工等理性过程进行计算与操作，是认知个体将外在事物的信息符号化后，对其进行的一种机械操作，这样形成的知识也仅仅是对外在世界的一种机械、客观的表征。尽管认知的主体是人而非计算机，但认知个体“似乎仅仅把自己当成本质上是非属人（non-human）的存在，而不知道自己是在一定的历史和文化条件下忙于发现关于世界的可能视角的人，从而忘掉了自己”②。这会导致他们在知识表征过程中，致力于排除一切认知主体以及外在的因素对知识表征的影响，力求对事物进行如实的反映，而不是有意义的说明和解释。因为大脑内部的符号、信息所具有的意义是外在事物的对应物，而身体体验、社会、环境等因素对大脑中的符号而言是外在的，不触及知识的本质。可见这种知识对于充分地理解人类的智能、构筑完备的意义理论而言是不充分的。

在笔者看来，知识的形成不仅是对外在事物的刻画，同时也要根据所处的环境对外在事物进行有意义的说明。换言之，知识意义的形成不仅仅是纯粹理性或“纯粹意识”的先验的心智状态，对知识表征过程中的意义进行全面的理解与把握也不能仅仅从语言、符号的层面把握，它与认知主体的身体、体验及主体所处

---

① H. L. 德雷福斯, S. E. 德雷福斯. 2001. 造就心灵还是建立大脑模型：人工智能的分歧点[A]//玛格丽特・博登. 人工智能哲学[C]. 刘西瑞，王汉琦译. 上海：上海译文出版社: 431-443.

② 王华平，盛晓明. 2006. 协作的自然主义[J]. 自然辩证法通讯, 28(4): 33.

的环境也息息相关。确切地说，它是在认知主体与环境相互作用的整体中彰显出来的，这种观点也是符合客观现实的。因此，意义的形成与理解要将其放入特定的语境中进行，如果脱离了这种关系，知识的表征便不具有任何意义。

知识表征过程中的意义与身体、环境相关，因此可以通过身体的感官感受及肢体的表达获得和理解，同时意义的获得也与认知个体的体验有关。梅洛-庞蒂就曾反对将词语看作获得意义的本质和唯一来源，指出在词语、语句等形成知识表征并构造意义之前，还存在一些源初的、可以构成意义并形成知识的活动，如身体（“存在着语言的一种‘语言的’含义，它在我仍然缄默的意向与语词之间充当中介，以至于我的言语突然出现在我本人面前并告诉我关于我本人的思想。被组织起来的符号有其内在的意义，它记录的不是‘我思’，而是‘我能’。”[①]）、情境等，词语、语句都根植于这种源初意义的活动中。具身认知、情境认知、延展认知也都证明了身体、环境在知识表征中的作用和具有的意义，认为“与概念/命题意义观形成鲜明对比的是，来自认知科学的大量实证研究揭示了意义是通过我们的身体，特别是通过我们的感官-运动能力（sensory-motor capacities）以及我们体验感受以及情感的能力（ability to experience feelings and emotions）所生成的”[②]。

因此，意义是知识得以表征的基础，知识表征的理解要建立在意义理解的基础上。同时，知识表征的社会性也是以意义的完善为基础的，所以，意义的形成不能仅依靠以语言规则推演和逻辑运算为主要特征的抽象理性，而要对其进行全面研究和充分诠释，这样有助于我们深入了解知识的表征和理解。

二、知识表征是主体意向性的表达

知识的表征建立在对形成知识的词语、身体、环境等意义理解的基础上，这种意义的理解是心智活动的一种体现，体现着认知主体的心理活动。人之所以能够处理并理解大脑中信息以及身体、环境等因素的意义，是因为人是智能体，具有意向性，这种意向性使认知主体总倾向于关注那些自身可能获得意义的事物。因此知识表征的过程不是纯形式、纯逻辑的处理过程，而是涉及了主体心智的因

① 梅洛-庞蒂. 2003. 哲学赞词[M]. 杨大春译. 北京：商务印书馆：50.

② Mark J. 2006. Merleau-Ponty's embodied semantics—from immanent meaning, to gesture, to language[J]. Euramerica, 36(1): 1-26.

素，是主体心智对表征对象进行意义的理解并认知的过程。那么，究竟何为意向性？知识表征主体的心智如何指向外在事物？这是我们有必要探讨的。

哲学中没有新问题，几乎任何问题最终都可以到哲学中溯源，意向性问题也不例外。“意向性”（intentionality）一词早在古希腊哲学时期就已提出。柏拉图曾在对非存在事物的思考中，将内在的心理状态比喻为“射箭”，体现了意向性的特征与本质。亚里士多德的哲学思想也体现了丰富的意向性观点，这是毋庸置疑的，在他看来，人们之所以能够认识没有质料的形式，是因为人的知觉具有意向性，它指向了抽象的意向对象。中世纪的奥古斯丁、阿奎那在关于神学、心灵的论证中抛弃了以往逻辑上的分析，转向了心理学的说明，指出人的心智具有意象能力。

而真正将意向性作为一个哲学问题提出的是德国哲学家布伦塔诺（F. Brentano，1838—1917），他认为，人的所有意识都具有指向能力，能够指向意识所指向的内容即对象，至于所指的对象是否真实存在，并不重要，最关键的是这种指向的能力。受这种思想的直接影响并以此为基础，胡塞尔创造性地发展了自己的意向性理论，在他看来，所谓主体的意识活动都是指向某物的活动，也是关于指向对象的活动，他以意向性为研究的核心，使之为现象学服务。当然，在布伦塔诺之后，还形成了另外一支不同于现象学的意向性研究进路——分析哲学，它将布伦塔诺的意向性理论进行改造，旨在从语义学、逻辑学的角度对知识语言的意义、逻辑特征、指称等意向性问题进行研究，主要代表人物有弗雷格、罗素、前期维特根斯坦等。到了 20 世纪中期，意向性又被纳入认知科学的研究范畴中，并呈现多角度的研究。塞尔就曾提出，“意向性是许多心智状态和心理事件的特征，这些心智状态和事件指向、关于、涉及或表征世界中的事物状态和对象”[①]。可见，现象学、分析哲学、心灵哲学以及认知科学等学科中都涉及意向性的研究，并建立了相应的意向性理论，使之成为多学科关注的焦点和问题。同时，关于意向性的说明和解释也是多样的，对意向性的界定至今仍然众说纷纭，没有统一的概念界定，但都赞同意向性是指心智所涉及、表现、关于、指向外在事物的性质和特征的能力。通过意向性，我们可以同真实世界相联系，这是一个复杂的心理过程。例如，当我们“记忆”或者“意识”“相信”“理解”某一事件时，一定会涉及其相关的对象，而不是独立的心理状态，这种 about…的心理状态就是主体的意向性。并且，随着当代意向性研究的深入，人们逐渐将以往分

① Searle J R. 1983. Intentionality: An Eassay in the Philosophy of Mind[M]. New York: Cambridge University Press: 1.

属不同学科及领域的意向性、语义学、意义等理论综合起来，把意向性、语义性、意义等看作是本质上没有区别的心理属性，体现了意向性问题的合流趋势。

作为认知主体与外在环境相互作用的产物，知识的表征离不开意向性，因为知识得以表征是主体心智关于某对象物的实现，这种认知主体对研究对象的指向关系就是意向性的体现，也是意向性在当代心灵哲学与认知科学中的运用。在某种程度上，意向性与表征二者是很容易混淆的两个概念，也经常被替代使用。

意向性与表征概念的关联由胡塞尔提出。他在其现象还原的方法中认为人的心智状态的意向性就是指它的表征特性，但意向性的对象与最终表征的对象可以是不同性质的东西，因为“我们所认识的心理状态的实在表征在认识论上先于我们所认识的实在的性质，除了我们对它的心灵表征外我们没有通达实在的通道。这样，我们对自然实在之信念的哲学理解最终必须来自对心灵表征的研究”①，从而会导致二者之间的不同。显然，这与我们通常对当代关于表征的研究和理解中强调的表征是心灵对外在世界的如实反映不符。因为胡塞尔关于意向性问题的研究是在其现象学的范畴内进行的，重在解释主体的心理状态与相关事件的心理表征特性如何相关，不是对心理状态与外在客观世界之间的关联的研究。主张“客体的指称由意义构成。有意义地使用一个表达和指称一个客体（形成这个客体的一个表征）是一回事。不论这个客体是实际存在的还是虚幻的，甚至是不可能的，这没有任何区别”②。因此，它们之间是意义相关的，而非具有因果关系。

福多则认为，意向性不同于表征，二者之间是有差别的，知识的表征诉诸的是一种因果性的说明，每个语言指称与世界之间都具有因果关系，我们指向或关于某物的思想，一定在现实中存在某物。因此，表征的内容会受外部世界的历史条件决定，但福多关于表征的因果性理论主张一种即时性的意指，没有涉及环境、社会对认知主体的影响。同福多一样，塞尔在意向性理论的研究中，也将意向性视为一种真实存在的心理状态，通过对意向性的自然化可以找到其在现实中表征的对象，换言之，心理意向性的原因会导致相应的行为结果，因此，他也主张意向性的因果关系说。

事实上，就知识表征的过程而言，知识表征可以体现和表达认知主体内在的心理状态，因为知识表征是人类心智能动性地作用于客观世界而产生的“关于”该客观世界的心理状态或活动，属于一种内在的心理状态，会对人的思维和行动

① McIntyre R. 2013. Husserl and the representational theory of mind[A]//Smith J C. Historical Foundations of Cognitive Science[C]. New York: Springer: 213-214.

② Husserl E. 1970. Logical Investigation[M]. New York: Humanities Press: 293.

产生支配作用和影响。但就知识表征的结果而言，知识表征是主体意向内容的体现，因为从根本上讲，正是意向内容使得意向性的心理状态能够关涉相关的对象，进而才能够表征它所表征的东西。尽管意向内容与意向性并非两个完全相同的概念，但由于前者是后者的一个主要维度，所以对意向内容的探讨有助于意向性问题的研究。因此，通常我们对意向性的解释和研究在很大程度上都包括内在心理状态和事件内容的研究，知识的表征便是意向性与意向内容的体现，不仅可以反映认知主体的心理意向，也可以反映出认知主体内部与外部环境之间相互作用的结果。

三、意向性在个体知识表征中的运作机制

个体知识表征的过程，是人具有意向性的能动过程，也被福多视为认知个体从外在环境中独立出来的内在的心理活动，只与个体的内在世界有关，是认知个体意向性的表达过程，对个体之外不做任何假定，体现着认知个体的意向。在知识如何表征的论述中，福多将心灵比喻为计算机，认为意向性过程或者知识表征过程就是一种心理计算的过程。每当主体的意向过程发生时，大脑中具体实现的计算机制就会接受所输入的意向的思维语言信息，进而根据运算，产生一个新的信息进行输出，因此，不同的意向状态或者知识表征就是不同的计算过程。那么，何为计算？怎么进行计算？在福多看来，计算就是将具有语法结构的信息输入计算机，并按照符号加工的原则，将加工过后的知识输出，从而完成知识表征的过程。在这个过程中，输入计算机的信息符号是具有语义属性的，但这种意义的属性并不能被计算机识别，它们仅仅能识别语句的语法，并根据语法对其进行加工。因此，在某种意义上，计算机可称为句法机。

笔者认为，在福多关于知识表征的观点中，表征过程不依赖于表征的语义属性，也就是不依赖于它们表征的内容或关系，虽然表征是意向性的体现，但这里的意向性强调的是与表征的关系，而不是知识表征过程中意向性的理解与表达。因此，同认知主义单纯强调表征且认为计算机可以完全取代人脑的表征观相似，这种意向性也仅仅是一种机械的表征观，没有蕴含认知主体的能动性、意向性。

机械的知识表征观在一定程度上可以体现计算机对人的心智的模拟，使其不再是神秘的东西，但计算机毕竟代替不了心智，虽然这种物理主义或功能主义的观点仍然能够获得知识表征的结果，但却忽略了认知主体作为人的主体意识、意

向性等心理因素在知识表征中的作用，这种意向性的心理特征是内在信息的语义特征，是计算机不可能拥有的具有表征能力的语义特征。

诚然，在最初关于知识如何表征的研究中，尤其是自然科学知识的表征中，认知的主体是具有智能的人而非计算机，知识的表征也体现了个体心智的意向性。但由于当时的知识观追求的是知识的客观性与真实性，因此，在对知识进行表征的过程中，个体心智被要求对外在世界信息如实刻画，这就导致认知主体性被压制，主体的主观理解、意向等也被排斥。在当时看来，涉及意向性内容的知识具有非理性主义的色彩，是非科学的知识，所有知识表征过程中的外在环境因素、认知主体本该持有的意向性内容的表达都被压制到最小或者不做意向性的解释。所以，无论是认知主义还是哲学和自然科学在个体知识表征的研究中都忽略了主体意向性的作用，或者仅仅体现的是一种"窄内容"[①]的意向性的表达和表征。

这种窄内容的意向性研究由来已久，对意向性的心身因果关系和作用研究可以论证意向性在认识论上所具有的规范作用，并解释由意向状态引起的认知主体的行为与知识表征的结果，因此，它的支持者不乏其人。但是，这种窄内容的意向性并不能全面覆盖意向性的本质，低估了意向心理现象对外在环境（包括物理环境，也包括社会环境）的依赖。我们知道，作为意向性的载体，认知主体处于社会环境中，他们的心理状态或者外在行为不可能完全孤立于其成长与习得的语境或社会而存在，必然会受到社会环境、文化等一系列外在因素的影响，这是一个基本事实。这样，意向内容也因此会根据环境或语境的不同而相应地发生改变，但窄内容的意向性却恰恰不能解释在环境影响下意向性的变化。根据窄内容的相关规定，它只适合于对认知个体内在的或者不与环境相关的事物做出解释，不能用于社会实践的解释，是不完整的意向性。正因如此，窄内容的意向性或内在论的主张会遭到外在论的批评与挑战是不可避免的，因为窄内容意向性的"真正的问题……在于……许多真实的概括——许多真正描述心理过程的概括——都不能够用窄内容的术语来陈述。根据窄内容进行的心理状态分类对于在严肃的科学心理学中的使用来说也都太粗糙了"[②]。如若将意向性的窄内容解释在科学研究

---

① 根据内在论与外在论的划分，关于意向性是否与外在环境相关，也可将之划分为意向性的窄内容(narrow content)与宽内容(wide content)。意向性的窄内容是内在论的体现，指意向性是独立存在的，无须求助于外在事物，即主张意向性是认知主体内在的心理状态，它是仅由主体的神经生理状态所决定的属性。而意向性的宽内容则主张认知主体的意向性是关系属性的，即它不仅仅是主体内在心智中的单独存在，而且延伸到大脑外部，与外在的对象、环境相关，并受外在环境的影响，正是这种相关性才形成意向性的宽内容。

② Stieh S P. 1991. Narrow content meets fat syntax[A]//Loewer B, Rey G. Meaning in Mind: Fodor and his Critics[C]. Oxford: Basil Blackwell: 247-248.

或者知识表征的过程中贯彻到底，会导致认识论上个体知识表征的缺陷。

因此，无论是对意向性的全面研究，抑或是用意向性解释知识的表征，都不能只将其作为认知主体心智中封闭的心理状态进行考虑，这样的研究是有缺陷的，其解释效力与解释结果也难以令人信服。因此，要在意向性对知识表征的解释中考虑认知主体的身体运动与外在环境因素，即诉诸意向性宽内容的研究。

四、意向性的社会化及社会知识表征

作为人的一种内在心理状态，意向性不仅存在于个体的心灵中，同时也必然会受人的身体或环境等其他属性的影响或制约，因为作为社会中的成员，人的意识、行为、价值观念等都脱离不了其身体属性、环境属性，所以，意向性不是作为孤立的个体内在的心理属性而存在的。近年来，无论是在哲学还是在心灵哲学中，都出现了意向性研究的社会化趋势，将以往忽略的外在环境因素会对人的心理状态产生的影响运用到意向性的研究中，从而导致意向性的社会化趋势，这也是促成知识表征社会性转向的重要原因。

意向性的社会化主张对认知主体心理状态的考察不能仅从神经、生物学层面等主体内部进行，也要将其放置于其所处的环境中，从意向性与外部环境的关系层面进行理解。在这种关系属性中，外部的环境变化决定意向性的内容，即便同一认知主体在指向同一认知对象时，如果意向性的环境不同，也可能导致意向内容的变化，从而产生不同的知识表征。这里的环境因素除了指认知主体的物理环境外，也指外在于个体的社会环境、语境、文化背景等。受普特南外在主义的启发，柏奇在意向性的社会化研究中，认为社会环境会影响认知者的心理状态，如人关于恐惧、希望、信任等意向的对象不是头脑中的存在，而是外在环境中的对象，这种外在事物可以引起认知主体心理状态的变化。例如，在知识表征过程中，认知主体的信念、利益、观念都可能受外在共同体成员、社会规范等条件的限制和影响。可见，对意向性心理状态的理解与解读无法同外在的社会环境因素分开，我们可以更进一步认为，“心理状态与事件在原则上随着环境的变化而变化”[①]。当然，意向性的社会化并不只注重社会性因素的影响，它也包含了窄内容的意向性，使意向性注重认知个体心理状态的同时，也考虑了社会环境因素的影响，对意向性的个体心理状态并不是否定、排斥的。

① Burge T. 1986. Individualism and psychology[J]. The Philosophy Review, 95(1): 3-45.

在意向性社会化的研究过程中，集体意向性理论曾在意向性的发展中一度引起热议。以往关于意向性的观点，都是指个体内部心理指向外部世界的活动，对认知个体的思想与行为具有支配作用，那么，集体性的行为是如何产生的？意向性是否能指引集体性思想与行为的发生呢？

“集体意向性”概念于1988年由托米拉（R. Tuomela）和米勒（K. Miller）首先提出，并被塞尔、吉尔伯特（M. Gilbert）、苏格丹（R. Sugden）等进一步发展，进而形成不同的集体意向性理论以解释集体性行为，具有明显的社会性。

由于集体意向性是在对集体行为的思考中引发而来的，因此，通常认为集体意向性可以引发集体行为。集体性的行为在生活乃至学术研究中是常见的，如交响乐团的演奏，在交响乐团中，要想完成和谐悦耳的音乐，每个乐手就必须在指挥师的统一指挥下，互相合作，拥有共同的集体意向性，演奏才能正常进行；在一个球队中，无论各个球员处于什么位置，每个成员都具有统一的目标，才可能实现胜利；抑或是在科学研究的共同体中，他们本着共同的研究目标而共同努力，所有这些集体性的行为都是建立在集体意向性的基础上实现的。塞尔也持相同的观点，认为作为社会中的主体与行动者，我们不仅具有个体意义等意向性，也具有集体意义上的意向性，正因如此，集体意向性才使社会实在成为可能，可以说集体意向性是一切社会活动的基础。

集体意向的观点提出后，根据集体意向主体的不同，可将其分为认知主体是个体的集体意向理论以及认知主体是集体的集体意向理论，即涉及个体主义与整体主义方法论的问题。个体主义的集体意向性认为集体由个体构成，因此，集体意向性由个体意向性构成亦可还原为个体意向性。

在与个体主义的集体意向论相对的整体主义的集体意向性理论看来，集体意识是集体行为的原因，个体的头脑中不可能有这种集体意向性。美国哲学家吉尔伯特的集体意向性理论就脱离了意向性依赖于个体大脑的心理状态这一最基本的前提，“如果按照个体拥有集体意向的说明方式，那么在集体行为中的个人完全不可能拥有自己的意向。而在这种情况下，人和动物是没有区别的”[①]，他引入“共同认可”“共同承诺”来支撑他的理论。在整体主义的集体意向观中，还有一种更为激进的观点，与通常人们所认同的心灵只存在于人的大脑中的观点不同，这种激进的集体意向观认为在大脑之外存在外在的集体心灵，从而在此基础上形成集体意向观。克拉克和查尔默斯的延展心灵说就是这种集体意向观的代表。托

① Gilbert M . 2006. Rationality in collective action[J]. Philosophy of Social Science, 36(1): 3-17.

芙森（D. Tollefsen）在此基础上进一步扩展外在心灵的范围，将“包含信息的物品和人一起构成耦合系统，而且人和人之间也同样可以构成类似的集体系统”①。

这种整体主义的意向观点遭到了塞尔的驳斥，在塞尔看来，意向性是大脑中作用的结果，必须存在于大脑之中，“集体心灵”是不可能存在的。换言之，集体意向性的主体只能是个体，它是个体意向性的集合，集体意向性的形成是“通过个体活动 X 实现集体行动 Y”，但这种集体意向并不是个体意向性之和，因此，集体意向性并不能还原为个体意向性，它是构成社会行动和社会实在的前提假设，具有明显的社会性属性。我们可以将塞尔的集体意向性理解为介于个体主义与整体主义之间的集体意向性理论。

当然，无论是哪种观点的集体意向性理论，至少有一点是共同的，即意向性已经不满足于仅仅作为认知个体内部的心理状态而孤立存在，它会因周围环境、社会因素的变化而改变，因此，集体意向性属于意向性社会化进程中的具体体现。并且，意向性的社会化无论是在理论上还是在现实中都是必然的趋势，这必然会导致知识表征的社会化，使知识具有社会维度。

总之，以意向性为基础或者从意向性的维度，可以反映知识表征由个体性向社会性的转变。将知识表征与社会性、语境性、实践性因素结合起来，可以多重维度地、全面地把握人类知识的形成。

第五节　社会知识表征的方法

个体主义的方法论不能全面把握和解释知识表征的社会性、文化性、历史性等特征，在对知识表征的研究中由于缺乏完整性而不能对知识表征正确进行研究，甚至对科学知识客观性的界定也逐渐存在很大的争议。鉴于此，随着知识表征的社会性转向，知识表征的研究方法也发生了转变。这种转变并不是抛弃了以往内在主义或者个体主义的研究方法和视角，而是将内在主义与外在主义、个体主义与整体主义的方法全面结合，更加全面、完整地剖析知识表征的产生和本质，并对科学知识的客观性进行重新解释。

---

① Tollefsen D. 2006. From extended mind to collective mind[J]. Cognitive System Research, 7: 140-150.

一、语境化方法

我们知道，作为一种认知行为，知识的表征必然涉及生物学、人类学、物理学、计算机科学等多学科的知识，因此，其研究方法也必须具有综合性，任何一种单一的方法都是不完整、不充分的；不仅如此，知识表征的形成，既要通过内在的、理性的方法获得知识的本质，同时也要重视在此过程中社会、文化以及主体性要素的作用，仅仅运用单一的方法，只会导致知识研究尤其是科学知识研究的“窒息”，要采用整体的、全面的方法进行研究。此外，知识表征的研究作为社会系统中的一个子系统，必然会受到社会各种因素以及其他子系统的影响，因此，知识表征的研究必然也要运用系统的、综合的方法。可见，知识表征作为一种认知系统必然要求其在研究方法、思维方式、研究视角上具有同一性、包容性，语境化的方法则可以作为社会知识表征研究的重要方法，使知识表征的研究走向认知语境化。

语境的思想和方法虽早有体现，但其真正地提出却到了 20 世纪之后，并且最先在语言学中提出。语言作为一种交流的工具和信息系统，在其传递、交流的过程中，都是以一定的条件为前提的，受其影响、由其制约，这种前提条件就是指语境因素。因此语境研究在语言以及语言学的研究及其运用中十分重要也具有普遍性，当然这也与语境本身所具有的意义有关。语境的研究和运用是由“语境”一词的含义延伸出来的，英文单词“语境”（context）是由拉丁文 texere 派生出来的，具有“交织”“构造”的含义，在语言的运用中，指文章或句子的上下文，即影响语义的背景或环境，并且这种制约可以用“替换术语：linguistic context（语言环境），context（上下文），environment（语言环境），context of situation（语言的环境）”[①]。

在笔者看来，语境在语言学中的运用或者研究是语境本身的含义逐渐演化的自然过程，但它并不是语言学学科的专有术语和研究对象，社会人类学的研究将语境的研究及含义进一步扩展并使其更具有广泛性。对语境现代意义上的研究是由人类学家马林诺夫斯基提出的，他将语境的意义从语言研究中的上下文背景扩展至情境语境以及文化语境，将社会情境因素、文化因素也收入语境研究的范畴中。弗斯（J. R. Firth，1890—1960）在马林诺夫斯基的基础上，将主体因素纳入情境语境的理解中，进一步扩展了语境的内涵，认为在语言的研究中，主体人的

---

① R. R. K. 哈特曼, F. C. 斯托克. 1981. 语言与语言学词典[S]. 黄长著, 林书武, 卫志强, 等译. 上海: 上海辞书出版社: 78.

本性也对研究的解读有至关重要的作用。可以说，马林诺夫斯基和弗斯是语境现代研究的创始者。在此之后，认知科学、语用学等学科都纷纷开始了语境化的转向，注重语境的研究以及语境方法在研究中的重要作用，语境化思维已经成为许多学科发展的一种趋向。

语境的研究由概念上升为方法，在许多研究领域得到普遍运用，知识表征的研究也不例外，在研究方法上体现了语境化趋势。值得注意的是，由于知识的表征过程既是认知过程也是心智活动的过程，其语境方法也被具体界定为认知语境的方法。认知语境化的方法是在认知科学的发展以及语言交际研究的基础上形成的，较以往的语境论相比，认知语境更具有动态性。

语境化方法可以笼统地理解为，对事物的界定或确认要随着语境的变化而展现出不同的结果，因此，对事物的研究要将其放入特定的语境中进行。认知语境也是如此，它并非认知与语境的机械之和，而是有着其内在完整的含义，是主体大脑中的已有信息与外界所输入的信息之间所激活的信息之和，它们之间呈现的是一种函数关系。换言之，是认知主体本身所固有的认知图式在受到不同的文化、环境等外界刺激时，通过对其内在的记忆、感知等调整、适应从而产生的认知主体的心理建构。因此，认知语境由外在的物理环境、认知主体的认知图式以及主体的认知能力等因素构成，离开了这些因素，认知语境也就成了无源之水、无本之木。

通过之前的分析我们得知，在社会性转向之前，依靠内在的研究方法所获得的知识表征因其缺乏完整性而没有将相关事物的本质全面、完整地反映出来。认知主义仅将知识的形成看作信息在大脑中的加工过程。联结主义意识到人的生物性属性，用计算机模拟大脑的神经元结构之间的关联，探求认知的微观结构，却忽视了影响认知发生的外在机制。社会知识表征的研究则在研究中指出以往研究的缺陷，采用语境化的方法，将认知主体的内在因素与外在社会、物理环境等相关因素整合，真实地反映知识的形成过程。于是，传统认知科学之后，具身认知等理论都承认内在心理意向的活动在知识表征中固然重要，但环境在知识表征中的作用和影响不容忽视，并且在延展认知的理论中，环境还被赋予了认知的地位。除此之外，科学哲学中的历史主义、科学知识社会学、女性主义、后殖民主义等都从各自的角度对以往公理性的认知进行了批判，并对其进行了语境化的还原，将社会利益、社会制度、政治因素、性别因素等在以往公理性知识观中被忽略的因素综合到知识表征的过程中，对知识表征的结果产生了影响。

社会知识表征中语境化方法的运用将知识的表征过程与其所相关的文化、历史、社会等语境因素相关联，使知识的表征具有地方性特征，成为本土化的知识（local knowledge）。这就预设了知识表征的结果不像个体知识表征那样具有价值通约性和普适性，但语境化的方法并不是认知的障碍，不妨碍对事实、本质的追求，相反，可以真实、完整地反映事物的本质。

二、现象学方法

作为现代西方最重要的哲学思潮之一，现象学向来以其独到的方法论著称于世。在胡塞尔看来，“现象学……首先标志着一种方法和态度：特殊的哲学思维态度和特殊的哲学方法”[①]。其主旨思想可以概括为：对外部世界和内在的经验世界进行区分是没有任何意义的，因为真实的体验比科学的抽象性更为重要。为了对真实的体验进行探索，就要将所有已有观念暂时悬置起来，尤其是关于外部世界特征以及与体验相关的因素，仅仅对主体性的经验进行系统性研究。其主要目的就是对心灵的超验特征进行哲学解释。根据胡塞尔的现象学方法，在知识表征的研究中，不主张对知识诉诸科学性、客观性的追求，而要侧重对认知主体主观心理表征与体验的获知，这就破除了一直以来在知识表征中笛卡儿式的二元论思想占据主导地位的状况，转向通过主体的体验在抽象意义上对知识表征的过程进行解释。同时也隐含着这样的观点，即物理状态的自然界被消除，因此不存在人，存在的仅仅是主体的意识和体验状态。在笔者看来，胡塞尔的现象学思想和方法主要强调了精神层面的重要性，注重对精神状态、心理状态的感觉输入与输出之间的逻辑关系与结构的分析，而不注重精神所依附的质料即身体的作用，因此是一种片面的无身认知观。

胡塞尔之后，现象学的继承者通过对胡塞尔现象学的扬弃，从不同的研究视角发展出更加丰富的现象学理论与方法。其中海德格尔（M. Heidegger，1889—1976）在批判胡塞尔的现象学因过于抽象而没有回归到日常人类行为的基础上，将认知过程界定为一个生存活动，用具体的存在代替抽象的、纯精神的形式，以研究外在世界与认知主体之间的关系。梅洛-庞蒂则比海德格尔更进一步，在其知觉现象学的研究中，主张要想回归到具体的研究中，认知主体的身体因素就必须是存在的。并且这种存在并非传统哲学中抽象的存在，而是具有感知觉、情绪以及意向性的活生生的身体。其以身体的感知觉与体验为基础发展出了具身认知

① E. 胡塞尔. 1986. 现象学的观念[M]. 倪梁康译. 上海: 上海译文出版社: 24.

的观点。因此，同胡塞尔现象学将认知活动界定为“我认为”（I think）的结果不同，在梅洛-庞蒂看来，人的认知始于“我能”（I can）。

因为“我”是处于社会环境中的肉体的存在，“我”的心智同样也处于外在社会中，并能与社会中的其他事物发生联系和相互作用，一切诸如感知觉、记忆、想象等的心智活动也依附于身体，以具身的方式与外在世界互动。值得注意的是，在主体的认知活动中，心智是指具身的心智，而不是抽象的、形式的心智，因为当“我们重新学会了感知我们的身体，我们在客观的和与身体相去甚远的知识中重新发现了另一种我们关于身体的知识。因为身体始终和我们在一起，因为我们就是身体，应该以同样的方式唤起向我们呈现的世界的体验，因为我们通过我们的身体在世界上存在，因为我们用我们的身体感知世界。但是，当我们以这种方式重新与身体和世界建立联系时，我们将重新发现我们自己，因为如果我们用我们的身体感知，那么身体就是一个自然的我和知觉的主体”①。

由此我们可以看出，梅洛-庞蒂的具身现象学将心智与身体相联系，身体不仅是生理机体，还是具有能动性的有机体，因此，身体在与外界的互动中既是被动的也是主动的，它能够被动地感受并接收来自外界的信息和体验，同时还会赋予这些信息意义。同时，在这个过程中，身体可以将感受到事物形成的感知返回自身并以纯粹的形式保留，使其成为身体所具有的经验和历史。因此，可以从身体的直接体验出发去理解认知的过程，“人的存在既不是纯粹外在的物理活动的存在，也不是纯粹意识的精神活动的存在，而是借助身体的意向性活动存在于这两者之间的一种‘暧昧’存在，真正的认知主体是身体-主体”②。这种具身现象学的观点直接影响了认知科学中的认知观，认知主义之后，受具身现象学的影响，认知科学中形成了一种新的具身认知观。这种观点认为知识表征的结果是大脑与身体、环境相互作用的结果，其中，身体条件在认知过程中有非常重要的作用，影响或决定知识表征的结果，知识的呈现是高度具身的结果，是社会性的体现。

可见，作为一种开放性的认知观，社会知识的表征认为知识即便是以往享有特殊地位的自然科学知识的产生也会受身体等各种因素的影响。其中，由于知识表征的主体是人，“人”的身体物理属性、价值取向以及与其相关的风俗习惯、社会制度、兴趣爱好等不可测量因素却在知识表征过程中发挥着重要作用，因此不能一味强调科学性，这种现象学方法对知识的丰富性具有重要意义与作用。

① 梅洛-庞蒂. 2001. 知觉现象学[M]. 姜志辉译. 北京: 商务印书馆: 256.
② 梅洛-庞蒂. 2001. 知觉现象学[M]. 姜志辉译. 北京: 商务印书馆: 256.

不过，需要进一步澄清的是，在社会知识表征的研究中对语境化、现象学等方法引入的同时，并不意味着放弃以往个体知识表征中所采取的隐喻、模型、自省等方法，也并非对以往方式方法的颠覆，而是对这些方法的扬弃与综合。只是在对知识表征的研究中，将非常重要但是却被遗忘、忽略的因素重视起来。事实上，每种方法都各有其可取之处，最关键的是要采取相应的方法以达到研究目的。

第五章

科学知识的表征：个体知识与社会知识的彰显

同整个知识表征的研究趋势一样，作为知识体系中的特殊知识，科学知识的表征与研究也发生了社会性的转变，其中，认知主体由最初的个体逐渐转变为科学团体，表征过程也逐渐被社会化。这种转变不仅与其所处的社会发展背景有关，体现了科学史由“小科学”时代向“大科学”时代转变的趋势，也体现了个体知识与社会知识的逐渐融合。

一直以来，科学知识都以客观性为本质特征，并以追求自然事物的真实性、绝对性为己任，因此，科学知识一直享有特殊地位，是一种不受社会影响的客观知识，被冠以“标准的科学知识观”。后来，科学知识社会学的产生将科学知识纳入了社会学的分析，主张科学共同体这一主体的知识背景、价值取向、利益协商等都对科学知识的形成有很大影响，从而实现了科学社会学的认知转向，重新对科学知识进行了界定和解释。

尽管科学知识的社会表征观最终也因无法解释其反身性而陷入了科学主义的困境，被后科学知识社会学的学者所批判，主张以实践的科学观代替以知识表征为主旨的科学观可以解决科学知识的社会表征所引发的问题及科学知识的表征危机；但无论怎样，科学知识及其表征在文化传承、文化交流以及科学的发展与积累方面发挥的重要作用是无法替代的。

第一节　科学知识到底是什么

知识的研究自古希腊伊始就没有停止过，但是当时的知识是否等同于科学知识？科学知识如何界定？其产生动力是什么？不仅如此，科学知识的构成及其辩护方式是怎样的？如何判断科学知识的真伪？这些关于科学知识到底是什么的相关问题在知识的研究过程中逐渐呈现出来，并成为哲学家、科学家、社会学家、历史学家等相关学者近百年来一直乐此不疲争论的问题，至今也没有形成一致的科学知识观。

"科学"一词最基本的含义是"知识"，从词源上看，科学源于拉丁文 scientic，也即"知识"的意思。作为"知识"的其中一种存在方式，"科学知识"既具有知识所具有的不同于物质产品的一般品质，又具有其相应的特殊规定性。这种特殊性，基于不同学科、不同发展阶段、不同研究维度的理解，形成不同的科学知识观。就"研究对象"的维度而言，科学知识可以指自然科学及自然规律的知识，也可以扩展为关于历史、语言学等方面的知识；从科学知识的"所有权"维度来看，科学知识通常被狭义地界定为普遍的、公共性的知识，但也逐渐呈现出地方性的特征，转向特定认知条件下的知识形态。概观科学知识的研究维度可知，科学知识的研究与发展已经由传统的比较狭义的解释，逐渐转向更为广义的、历史性的解读，体现了更为多样化的状态和形式，这种转变过程可通过以下几种具体的科学知识观得以体现。

一、符合论的科学知识观

在知识研究伊始，古希腊哲学关于知识的研究中就有"真理"与"意见"之分，真理知识被视为永恒之物，是主体对对象的反映，体现了知识与对象的一致性与符合性。但这个时期的知识符合论观点并没有对主体的认识过程给予精确的说明，不是对客观事物本质的反映，对知识真理性的界定也不清晰，容易产生歧义，因此，这仅仅是传统社会背景下的朴素的知识观和符合论。

近代时期，受文艺复兴的影响，基督教哲学日渐衰落，自然科学的研究热情被重新点燃，人们开始崇尚对真理知识的追求。但由于研究方法及认识论的分歧，在自然科学知识的研究中形成了经验论与唯理论两种观点。唯理论以数学知识为模型，借助逻辑推理的方法，把观念的内在标准作为真理的标准，主张真理知识的表征不能依赖感觉经验，而要依赖理性。同时，还将天赋观念作为知识的起点，认为只有天赋的观念通过演绎推理才能达到对事物本质的把握，并保证知识与对象的符合与一致。经验论则有不同的理解，它以实验科学作为知识的模式，提倡实验观察，认为在感觉经验的基础上建立并产生的知识才是真理，且与客观对象是符合的。尽管这两种观点主张通过天赋理性或经验可获得与外在事物相符合的真理性知识，但在涉及心身问题、理性与感性等问题的研究中仍具有形而上学和机械论的局限性。尽管如此，这个时期实验研究的方法被大力采用并被用于自然科学，这就为自然科学的产生及飞跃打下了基础。

19 世纪，自然科学的发展及其相关知识的探讨远超之前的任何年代，并取得了前所未有的成绩，从此，进入了以牛顿经典物理学为表征的科学时代，科学知识成为当时的楷模。

其中，实证主义的创始人孔德将知识分为：神学阶段的知识、形而上学阶段的知识以及实证科学阶段的知识或科学知识。前两种知识分别通过超自然的信仰以及抽象的形而上学的思辨方式获得，以追求外在事物的内在本质或本源。实证科学阶段则不同，这个阶段的知识是基于观察与实验获得的，具有真实性、可靠性，是经过证明及确证的实证性知识，知识的形成过程与方法保证了知识的客观性与准确性。实证性的知识或科学知识在实证主义者看来是客观的知识，能通过观察和实验的方法如实反映外在对象的本质和事物之间的联系、规律，体现了与外在事物之间的符合一致性。而且由于观察实验的可重复性，科学知识也是一套在经验上可以被检验、在逻辑上可以被证明的正确的概念体系和真命题，因此被斯宾塞称为“最有价值的知识”。

进入 20 世纪，哲学发展的语言转向以及科学界中相对论及量子力学的发展，给传统以经验为基础的科学知识观带来革命性的冲击，因为科学的抽象性以及不可测性使其与外在世界的经验难以一一对应。因此，无论是休谟经验论、实证主义，还是维也纳学派等都主张对科学的研究进入新的实证阶段：用逻辑实证主义代替传统的实证主义，科学知识的研究也由传统的符合论转向了现代意义的符合论。

与实证主义仅将科学知识的产生局限在经验范畴之中，并将经验作为评判知识科学性的标准和方法不同，逻辑实证主义将逻辑分析与经验验证结合，对形成科学知识的语句或结构进行剖析，寻找它们成真的条件和检验标准等，不拘泥于从主体与对象的反映中寻求科学知识的符合性，摆脱了镜式符合论的困境。同时强调，要排除一切与科学研究有关的主观或环境等因素，使其成为纯粹理性的重构。尽管如此，这种科学知识观并未改变从命题与外在事物之间的关系来定义科学知识的本质与内核的局面，仍然诉诸符合或一致性。

无论是实证主义中实证性原则的提出，还是逻辑实证主义中意义标准的提出，都将可证实、可检验的知识视为真理、科学性的知识，那些未经检验的、形而上学的假设是非科学的。知识是否科学只有经科学话语的评判、裁定才能被认同与接受，在所有知识中，科学知识才是真正的王者，处于特殊地位。同时，这种科学知识观也主张知识的科学性与纯粹性，排除了知识产生过程中社会、历史、文化、心理等诸多因素的影响和制约，只将经验看作科学知识的唯一来源，而将那些无法通过经验检验的思辨性知识排除在科学之外。这样，符合论的科学知识观尽管在一定程度上可以解释事物的本质及其相互之间的联系与规律，深入人们的认识与知识的获得，但这种科学知识对真理的把握并不全面，有其局限性，在其产生过程中并“没有从认识发展的角度研究获得真理的全过程；没有对真理问题进行动态的研究；没有研究真理的来源以及真理和谬误的转化；没有研究人们发现真理与认识真理的能力和条件；没有研究社会实践在发现真理和检验真理中的决定性作用；没有研究相对真理和绝对真理之间的辩证关系等等”①。因此，要获得真理并如实把握事物的本质与全貌，就要改变这种科学为王的符合论观点。

二、中立论的科学知识观

建立在经验基础上的符合论的科学知识观，致力于对事物客观性与真理的追求，关注事实、逻辑与经验等因素，将情感、价值、态度等主体性因素排除在外，也就是说，“研究者和描述者应当无条件地把经验事实的规定与他的实际的价值判断态度，亦即在判断这些事实令人愉快或令人不愉快的意义上的“鉴定”态度区分开来，因为这是两个根本不同的问题”②。可见，科学知识是中立的、价值无涉的。

作为中立性的科学知识观，知识的生产过程要排除科学家主体的个人兴趣、爱好、价值观等主体性因素和特征，同时也无涉于社会、伦理、文化等社会性因素，仅依靠纯粹的逻辑规则与经验事实对其进行分析与验证。作为普遍性的科学

① 涂纪亮. 1988. 英美语言哲学概论[M]. 北京：人民出版社: 299.

② 马克斯·韦伯. 2002. 社会科学方法论[M]. 韩水法，莫茜译. 北京：中央编译出版社: 137-157.

知识，其本身就是一种排除任何关涉性因素的中性存在，在对事物的研究中只做事实说明和描述，而不做价值判断和解释。

这种游离于主体价值观、爱好与道德、价值之外的科学知识，不仅是对事物本质与规律的反映，在默顿看来，也是其所提出的关于现代科学的四个精神气质即“普遍性、公有性、无私利性、有条理的怀疑性”的必然反映。同时，还是对研究主体的约束与暗示，使其在追求科学知识的过程中不掺杂任何主观因素和社会因素，在对客观世界的认识以及回答中，要以“是什么”为准则，而无须做“应该是什么”的辩解。

我们知道，观察的“客观性”是科学知识“价值中立性”的前提与保障。然而，我们并不能保证观察行为的客观性，这也是中立性的科学知识观不可避免的缺陷。观察者不同，对同一事物所获得的认识就不同。因为观察者的学术背景、学术水平不同，对同一事物的观察便会将自己所拥有的理论渗透到观察中，即“观察渗透理论”，从而得出不同的结论。因此，观察不是纯粹客观的，由此得出的知识也就不是纯粹客观的。

同符合论一样，中立性的科学知识观在对事物的研究中同样不包括主体的经验、情感知识构成、理论背景，屏蔽了社会中各种因素对认识的影响。事实上，这种纯粹的逻辑关系是不存在的，无论是微观的主体因素还是宏观的社会因素都会对所有认知活动产生影响，并影响认知结果，科学认知活动也不例外，因此，纯粹的科学知识并不存在。

三、历史主义的科学知识观

科学知识的符合论以及中立观在揭示事物本质、促进科学发展等方面做出了很大贡献，但是这种理性主义的科学观却遭到后现代思潮的解构。同以往对科学知识进行静态的、普遍性的研究不同，20 世纪六七十年代，主张从外部社会、环境、历史、文化等方面对科学、科学知识进行主观层面的研究与解读的历史主义开始拉开帷幕，强调对认知过程的动态研究，重塑科学知识的主观约定性和历史特殊性。

而在此之前，“观察负载理论”的观点就体现了科学知识生产过程的非理性和主观性特征，主张任何科学知识形成过程中的观察行为都不是纯粹客观的，在观察基础上形成的科学知识也因此不具有客观性。因为不同的观察主体具有不同的知识背景，分别由不同的经验和知识积淀而成，在对事物进行观察时观察者便会“戴上有色眼镜”进行观看，即使面对同一事物，不同的观察者也会得出不同的知识。这种观点动摇了以往科学知识观所追求的科学知识的合理性基础，影响了之后历史主义科学知识观的产生。

作为历史主义的代表人物，库恩的“范式”理论首先质疑了科学知识的产生，并对以往逻辑实证主义的知识观进行了批判，认为科学知识的发展经历了前科学（pre-science）阶段、常规科学阶段（normal-science）以及科学革命（scientific revolution）阶段。在前两个阶段，科学在新建的各个学派之间的争论中逐渐形成成熟的研究范式，在范式内，科学研究具有统一的研究目标和研究内容。但随着科学研究的进行与发展，当范式的解释力面临危机时，这种科学就会失去其合法性，人们会对常规阶段的范式表示不满从而寻求新的范式，这种范式之间的转换就是科学革命，科学知识的形成便是常规科学与科学革命不断交替、转换的结果。

可见，“范式对科学之持续发展的重要性同于观察和实验”[①]。对范式的形成与解释，库恩诉诸科学共同体，即由持相同信念的科学家构成的集合体，不同的范式内科学共同体的研究目标、研究内容是不同的。对客观世界的解释不存在以往普遍性的、绝对性的原则与标准，不同的范式其解释的标准也都不相同，甚至截然相反。因此，范式具有历史性、相对性，范式之间是不可通约的，不同范式对外在事物的解释结果并无对错之分。这样看来，科学知识的形成与意义不是真理性的认识，也不来源于客观的经验，不具有普遍性和必然性，因此不能反映外在世界的普遍性规律与本质。它完全取决于共同体的主观因素，是范式内科学共同体共同信念的集体反映，这个过程必然会受共同体的价值观、兴趣爱好、集团利益等主观因素或者人为因素的影响和制约，由共同体集体决定。因此，科学知识是历史的、相对的，不能保证普遍的真理。

库恩范式内的科学知识观颠覆了传统以绝对客观性为特征的科学知识观，使科学知识不再是纯粹理性的知识体系，强调科学知识研究的相对性，使科学知识的生产成为非理性的过程，从而使主观因素加入客观因素共同形成科学知识。费耶阿本德则进一步将这种非理性主义的科学知识观推向了顶峰，提出了科学知识生产中“怎么都行”的方法，使科学知识的生产走向相对主义。

---

① Kuhn T S. 1970. The Structure of Scientific Revolutions [M]. Chicago: The University of Chicago Press: 23-25.

四、社会建构论的科学知识观

受历史主义的影响并以此为契机，关于科学知识本性的解释在社会学中得到进一步的发展，形成了关于科学知识是社会建构的社会建构论主张。

建构论对科学知识的解释完全颠覆了传统的科学观，主张外在世界只是一种客观的存在，通常人们对事物的理解和研究都由个人决定，是人们依靠自己对世界的理解和以经验为基础建构或解释的事实。不同的主体由于头脑中的经验不同，因此会根据自己的经验、心理图式及信念在头脑中建构关于世界的知识。可以说，“科学本身既不受理性的权威支配，也不受经验的权威支配，而是由整个社会‘制造’出来的，是在各种社会因素相互作用过程中‘制造并不断再造出来’的结果”①。换言之，科学知识的形成是社会中各种相关因素耦合作用的结果与产物。这个耦合过程既不是对客观世界的经验观察，也不同于以往的逻辑演绎过程，因此，耦合而成的科学知识并不是对客观世界的真实反映，即科学知识不是自然之境的结果，而是主体对客观世界所做的建构性过程，是由各种相关社会因素决定而成的科学知识。

这样，科学知识就由以往普遍性的、真理性的知识被重新界定为地方性的、情境性的知识，情境成为科学知识合理性的基础和温床，知识的内容和性质会随着社会情境的不同而发生相应的改变。科学知识客观性的基础也在情境化的过程中逐渐被消解，仅在其所处的情境中才是合理的，是处于情境中的科学家经过集体协商后的结果，即“人们认为什么是知识，什么就是知识。它是由人们满怀信心的坚持，并且以之作为生活支柱的那些信念组成的”②。

科学知识的社会建构论观点凸显了知识形成的主动性与能动性，重视主体性因素在科学知识形成过程中的作用。不仅如此，社会建构论观点强调以社会、情境、意象等为基础，构建了科学知识的建构性前提，使科学知识成为整个人类的创造，而不是纯粹的反映。例如，物理量子力学中的“夸克”“黑洞”等概念就是科学家在实验室中创造出来的概念与知识。当然，这种科学知识观也由于强调知识的地方性、情境性而陷入了相对主义的困境，但可以肯定的是，建构论将科学知识、认知主体、社会因素三者之间的隐蔽关系揭示出来，肯定了科学知识的主客体之间的相关关系及价值相关性。

---

① M. 马尔凯. 2001. 科学与知识社会学[M]. 林聚任，宋丽君，赵萍译. 北京：东方出版社：80.

② D. 布鲁尔. 2001. 知识和社会意象[M]. 艾彦译. 北京：东方出版社：4-85.

通过论述我们得知，科学知识观的演变体现着由最初贬斥信仰与权威，极力排斥个人因素的普遍的、绝对客观主义的知识观，向注重主体人性的相对主义知识观的转变，由知识的形成必然要接受经验检验到知识的人为建构，并将以往牺牲掉的人为因素凸现出来，这种转变挑战了正统的关于科学知识的特殊性地位及权威，使关于科学、科学知识、科学表征的界定与理解发生了相应的转变。

第二节 科学知识的表征

近代以来，随着科学研究的发展，知识的研究也在科学的推动下逐渐脱离以往哲学思辨的枷锁，转向实在性的研究。通过挖掘事物的本质规律、塑造知识的科学性，同时也赋予科学知识以特殊的地位，使科学以及科学知识不仅成为纯粹的理论，促进人类理性的发展，而且也可以化身社会、政治、经济等力量，促进社会、经济、政治等方面的发展，这就导致了科学神话的崛起。在笔者看来，科学知识的形成与科学表征有着紧密的关联，二者都主张在主客二元分离的基础上，强调主体对研究对象客观、如实的反映，体现事物的实在性。同时也都强调避免外在因素和主观因素在科学知识或科学表征过程中的渗入和污染，体现对事物客观性与真理性的恪守。因此，“表征”一词就蕴含了科学的特性，科学知识则是一种科学表征。

随着20世纪末科学大战[①]的爆发，这种观点遭到质疑并引起争论。这一时期，社会学的初步发展以及学科建设的需要将科学表征以及科学知识作为学科发展中的主要研究问题，强调用社会学的视角对科学知识进行重新解读，并得出“科学知识不再是客观表征的过程，而是社会建构的产物”的结论，完全颠覆了以往科学的神圣地位及权威。同时结合社会学的独特研究视角，对科学知识以及科学表征进行重新解释与界定，使其在关于科学知识的“表征与建构”之争中，开辟了一方新的运思空间。

① 科学大战以1996年索卡尔发表的一篇论文为导火索，主要就何为科学及科学知识等相关问题展开辩论，以科学家为代表的科学阵营坚持科学研究以及科学知识的客观真理性，认为科学或科学知识的形成受外在多重因素的影响，甚至认为“科学知识是社会建构”的言论会引发灾难性后果；而以社会学、历史学等为代表的人文学科理论者组成“科学元勘”阵营则否认科学知识享有的特殊地位和权威，认为对科学以及科学知识的研究与探讨是任何学科的天然权利。因此，科学研究过程及科学知识的结果会受社会因素影响，反对科学主义的态度与观点。

一、科学知识与科学表征关联的依据

我们知道，“表征”一词从拉丁词中的 repraesentare 和 represaesentatio，演变到现在的 representation，有“呈现”“再现”的含义。它不仅是心灵哲学、认知科学或者心理学等学科的研究主题或研究对象，历史地看，表征的研究和发展与近代时期自然科学以及科学知识的产生与发展有着密切的关联。这是因为，表征强调客观呈现、如实反映的观念推动了当时自然科学知识的形成过程，使自然科学知识凭借其客观性、普遍性的特征在当时神学的、思辨的知识观点中赢得尊重并占有重要地位。同时，近代自然科学如火如荼的发展也促使表征的观念被当时许多研究领域运用，使其成为一种重要的研究理念和方法。

科学知识与科学表征之间的内在关联和契合可以从社会发展的历史及文化背景中寻求到原因。自然科学知识产生之前，知识由最初自省、思辨的结果转向对神学知识的崇拜，表征关于客观事物再现的理念的形成也到了神学时期之后，即进入文艺复兴时期才开始形成。在此之前，尽管表征一直保留有呈现、再现的含义，但受经院哲学时期神学思想的影响，表征也呈现出神秘的天启思想，单纯地信仰上帝并聆听上帝的教诲，对外在事物并不是客观、如实地再现与反映。但同时，由于经院哲学一直宣扬任何事物都有其所遵从的命运，并且任何事物的发生都受神的监督，在神的控制下进行，所有事物一开始就被限定在特定的秩序之中，并按特定的规律进行。这就使表征的理念有了存在的依据和可能，为以后新的表征理念的发展和运用提供了坚实的信念基础和本体论基石。亦如怀特海所说的，在经院哲学被抛弃之后，一个无价的习惯仍然存在着，那就是寻觅一个确切的点，寻得以后便固执不舍，这个确切的点就是“无情而不以人意为转移的事实”[①]。直到文艺复兴的到来，才使表征的理念摆脱了神秘的枷锁，逐渐转向对事物客观性的研究。

文艺复兴初期，社会本身就蕴含着不同于长期占有统治地位的宗教神学观念的人本主义、自然主义、理性主义等思想。与宗教神学借助天启和神的权威理解并把握世界的观念不同，它们更注重人的价值，强调人们要运用自己的感官去展示、反映、描述社会外在事物及社会现象，这就使认知主体与客体的分离成为可能，社会中由“事事都本着压倒一切的得救动机去观察的神学气氛也已经被一个

① A. N. 怀特海. 2012. 科学与近代世界[M]. 何钦译. 北京：商务印书馆：6, 13.

凡事都可用理性眼光去自由讨论的比较独立的观点所取代了”①。与此同时，新的表征理念的出现也体现了与中世纪时期表征思想的根本断裂，它摒弃了神秘的天启思想，转向对人的理性价值的推崇，注重在认识世界的过程中对观察、实验等经验方法的运用，从而客观准确地反映、再现外在认知对象。可见，新的表征理念不单纯是认知个体心智的表达，同时也体现了其普遍性、客观性的特质。

这一时期，知识界也发生了脱离神学知识的重大变革。在经院哲学“上帝创造世界”的观念与机械论的共同影响下，一些研究者认为，上帝是最伟大的机械制造者，它创造自然界与制造机械的原理基本一致，因此通过类比，人们可以通过机械模型的原理发现自然的规律和自然所遵从的法则，获得相关事物的信息与知识。尽管这些思想带有神学色彩，但与对上帝的无条件信仰相比较而言，体现了探求自然界与外在社会事物的意图和动机，滋生着革命的萌芽。例如，在培根看来，经院哲学并不能使人真正发现自然的本质和规律，只有运用实验与观察的方法才能提高人们驾驭自然的能力，获得关于外界的知识。伽利略也意识到这一点，他抛弃了中世纪时期新柏拉图主义和经院哲学中的先验方法，注重实验、归纳以及数学演绎等方法的综合运用，认为“由观察或实验得来的每个事实及其直接的和不可避免的推论都（应）按照本来面目被人接受”②。这种理念使知识的来源发生了由传统教义向自身理性的转变，认为只有通过实验或经验才能客观再现外在事物的真实图像，获得关于自然与社会的可靠知识。这也正是表征理念的核心，是表征理念可操作化的实践性依据。

由此可知，自然科学知识与科学表征理念的转变与发展都是在相同的社会背景及社会变革中进行的，是在文艺复兴、工业革命以及启蒙运动等活动的影响下，与传统的宗教神学、封建专制抗争的结果。导致人类的价值观由盲目地崇尚神的天启和抽象的形而上学向注重观察、实验的实证研究靠拢，以确保对外在事物的真实反映，保证所获得知识的真实性与科学性。其中，表征理念倡导对世界自然真实的呈现，在这种理念的引导下，知识尤其是自然科学知识快速发展，并被应用在社会各个领域，如物理学、化学、医学、天文学等学科中，自然科学知识的应用，切实改善并丰富了人们的生活，促进了社会的进步，并将科学知识置于知识体系的顶端。与此同时，科学研究以及科学知识的成果也证明了表征理念的合法性，使表征成为科学研究的重要方法和判定知识是否科学的核心特征。由此可

① 古川安. 2011. 科学的社会史：从文艺复兴到20世纪[M]. 杨舰，梁波译. 北京：科学出版社：22.

② W. C. 丹皮尔. 2009. 科学史及其与哲学和宗教的关系[M]. 李衍译. 广西：广西师范大学出版社：138.

以得知，它们二者之间高度契合，有着天然的亲缘关系。

相同的社会、历史、文化背景是科学表征与科学知识形成并且关系非常亲密的重要原因。除此之外，二者之间也有其内在的逻辑关联。

首先，科学知识的形成与产生是科学表征的结果。近代科学知识的产生与发展不仅在知识体系中处于尊贵的地位，也真正给人类带来巨大的福祉，但这种影响方式是以一种默认、隐晦、理所当然的方式进行并被盲目地崇拜的，至于何为科学、何为科学知识，这些问题却没有得到足够的反思和思考。直到 20 世纪中期知识社会学产生，这些问题才被作为反对的对象得到反思和阐述，主要可以概括为以下几点："（1）自然界是真实和客观的，具有内在的稳定性和一致性；（2）科学知识是有效的，它可以对自然界作出精确系统的解释；（3）科学知识的有效性源于客观的观察和实验；（4）科学知识具有特殊的认识论地位，是一种具有权威性和可信性的知识；（5）科学知识是一种不断增加的事实资源，真理是累积增长的；（6）科学共同体具有一种学术上开放和普遍主义的规范结构，科学家是价值中立的。"①

具体来说，科学知识观的形成是建立在主客二元的基础之上的，强调运用观察、实验的方法对外在事物信息进行客观再现，外在社会因素与科学知识的形成是绝缘不相关的。作为科学知识的研究主体，也要排除一切非理性和主观因素的干涉，以客观、中立的研究态度保证研究的客观性，使主观认知符合外在事物。也可以说，"科学是某种表征体系，其目的在于精确地描述世界，而世界与我们如何进行表征无关，它独立于我们的表征，我们的表征要成为真理，就是要符合世界实在，而经验观察之所以重要，是因为它是连结我们所表征的世界与世界本身之间的唯一通道"②，由此，也可以确保科学以及科学知识的合理性。

简言之，科学知识之所以能如实反映外在事物，是因为其形成过程采用了科学有效的方法与手段，即表征的方法，将外在事物的原型以知识的形式客观再现出来。因此，科学知识的形成是以科学表征的方法为依托的，是科学表征过程的结果，表征在其中既是科学知识形成所运用的方法又是科学知识的结果体现，在表征逻辑的坚守与捍卫下，标准的科学知识观得以形成，二者是一体化的关系。

---

① M. 马尔凯. 2001. 科学与知识社会学[M]. 林聚任，宋丽君，赵萍译. 北京：东方出版社：29-35.

② 吴彤. 2010. 复归科学实践——一种科学哲学的新反思[M]. 北京：清华大学出版社：6.

再者，表征方法所包含的预设也体现着科学的本质与内涵，可以说，科学是表征发展的见证者，表征方法所包含的预设主要体现为以下方面：

（0）关于X，理所当然地存在一个实在的原型与之相对应，所以，X是真实存在的；

（0'）关于X的描述说明能准确地再现、映射其实在原型的面貌与本质，并且这一说明具有确定性和唯一性；

（1）关于X的准确的描述说明就是符合其实在原型的真实稳定的描述说明，关于X的错误的描述说明就是歪曲异化其实在原型的描述说明；

（2）关于X的描述说明之所以是准确的是因为其秉持了客观中立的态度、运用了科学可靠的方法，关于X的描述说明之所以是错误的是因为其受到了社会力量、利益、情感等因素的污染；

（3）无论X是否有用，关于X的真实准确的描述说明都是必要的，同时，关于X的真实准确的描述说明也是X真正有用的必要条件。[①]

由以上预设我们可以得出，表征的内涵映射体现着实在论、自然主义、客观主义等思想，而这些正是科学所具有的特征。

实在性把外在事物和自然界视为排除人为因素的客观存在，而非宗教神学时期那种虚幻的、虚无的东西。换句话说，科学表征的过程是对客观实在的对象的反映，表征的结果是否正确依赖于与客观对象（即事物的原型）的一致性。因此，表征对象的客观性、实在性是科学知识形成并保证科学性、真实性的牢固根基。不仅如此，科学表征也反映了自然主义的性质与特征，自然主义顾名思义就是反映自然本来的样子而不掺杂任何干预的因素。换言之，在科学研究与科学表征的过程中，"运用屏蔽条件，排除其他不同情况，使得其他情况均同条件成立"[②]。这就为科学研究以及科学知识的形成指明了方向与道路。此外，科学表征内在的逻辑形式确保了对外在事物呈现的准确性，保证了科学研究、科学知识的真实可靠性，更将是否运用科学表征的方法作为判断知识是否科学的重要标准。

由此可以得出，科学表征与科学知识之间存在高度的逻辑一致性，科学知识的准确性、普遍性是科学表征的结果和内在要求，科学表征的逻辑特征又是知识科学性的基础，二者之间相互依托、紧密联系。

---

① Hacking I . 1999. The Social Construction of What[M]? Cambridge: Harvard University Press: 6.

② 吴彤. 2010. 复归科学实践——一种科学哲学的新反思[M]. 北京：清华大学出版社: 399.

二、科学表征是科学知识的重要尺度与结果

科学知识与科学表征之间有着高度的一致性和紧密的联系，科学表征的内在逻辑性特征确保了知识生产与表征的科学性，使科学知识赢得了前所未有的声望并在知识体系中处于特殊地位。科学表征也因此在科学研究中获得尊贵的地位，成为科学知识生产的必要手段和衡量标准。

自近代科学摆脱形而上学以及神秘主义的束缚以来，科学知识转向对客观实在的对象的研究，呈现了解决实际问题的研究结果，不仅可以反映外在自然事物的本质与规律，也可以促进人类社会的发展及生活质量的提高。这就使科学研究以及科学知识受到研究者的追捧，认为任何研究只要冠上“科学的”标签就是好的，科学从而成为衡量所有知识的尺度与标准，在这样的愿景下，逐渐编织了科学的乌托邦社会。不仅如此，对科学以及科学知识的狂热追求也从自然科学领域蔓延到许多人文学科中。例如，随着哲学的转向，科学哲学作为其中的分支学科，就何为科学、科学知识如何界定等相关科学问题进行了哲学层面的研究与解释；再如，在对科学以及对科学知识狂热追求的时代背景下，作为一种新的认知框架与学科形式，社会学在产生之初为了尽快使其学科合法化，并在科学主义盛行的时代赢得一席之地，获得学术界的认同，就以学科的科学性构筑其学科的基础和存在的依据，逐渐迈进科学的道路。可以说，几乎整个学术界的研究都开始向科学化靠拢，甚至有些学者将学科科学化的程度作为评判该学科是否成熟的标准。

科学以及科学知识之所以能促进学术的发展和社会的进步，是科学表征在其中作用的结果，其内在的实在性、数学性以及自然主义等逻辑性特征保证了科学研究以及科学知识的产生过程免受外在社会因素的干扰，并保证了学术研究的规范性以及结果的客观准确性。因此，科学表征是科学研究的有效方法与工具，或者说，“科学表征是科学家为了达到某个认识目的运用某种合适的工具如模型、数学语言等来表达客观世界的某些方面”①。这种科学研究的方法论基础使科学以及科学知识能真实再现客观事物的本来面目，并成为衡量一切知识以及研究的尺度，引发了科学主义思潮的兴起。同时，科学表征不仅仅是自然科学所推崇的方法与工具，也扩展至其他诸如哲学、社会学、心理学等学科研究领域，逐渐成为这些学科关注并运用的工具。

科学表征的方法在研究中最初体现为实证主义的方法，实证主义强调科学知

① 魏屹东. 2013-1-22. 科学表征：一种新的科学哲学[N]. 山西日报，第 2 版.

识是对事物本来面目的呈现，这样才能真正获得事物的认知并改善社会状况，促进社会发展。通过实证方法产生的知识是其他所有知识的范本，社会学之所以合法化并在学术界占有一席之地，也正是由于实证主义方法的兴起与运用。20 世纪，随着哲学的转向以及自然学科的进一步发展，科学表征在科学知识的形成过程中更加关注科学知识的精确性，并将科学知识形成的方法推向更深的层次。认为只有将所有知识逻辑化并以数理逻辑作为其分析工具或准则，且能经住经验证实的知识才是科学知识，科学知识的形成只能依靠自然科学的研究方法。结构经验主义的代表人物范·弗拉森（B. C. van Fraassen）在《科学表征：视角悖论》等论著中，就将科学测量视为科学知识的形成基础，在他看来，“科学测量的过程其实就是一个科学表征的过程，在这个测量过程中，我们借助于精密的科学仪器把感官可观察的现象加工处理为表征数据，而这个表征数据就是表象；单个的表象是一个观测数据，一系列表象就构成了一个数据模型，在此数据模型的基础上可以进一步加工构造出同构的理论模型”①。不仅如此，其还将以往哲学、心理学、历史学等人文学科之所以出现“众说纷纭”的景象归结为这些学科在研究中没有采用自然科学的研究方法，并将学科的语言全部转化为精确的语言进行客观、精确的数理逻辑的分析。而一旦学科不具有严谨性，那么产生的知识也不具有客观准确性。

无论是实证经验的方法还是语义逻辑分析的方法，都是科学表征不同角度或科学表征的扩展，旨在强调通过排除一切外在因素，依靠科学家中立、精确的研究与测量获得客观普遍性的科学知识。不同学科则可以通过学科语言的自然科学化获得社会不同领域的相关知识。因此，在整个社会或学术领域，科学表征当之无愧地成为科学知识的标准和尺度，引领整个学术领域的方向，具有至高无上的地位。

三、科学表征的争论：科学知识是“表征的”还是“建构的”

自近代科学以及科学知识产生，科学就被视为“寻求表征自然并产生描摹、映照和反映世界的真实面貌的知识的活动”②，是关于知识生产的研究过程。作

① van Fraassen B C. 2008. Scientific Representation: Paradoxes of Perspective[M]. Oxford: Oxford University Press: 166.

② Pickering A. 1995. The Mangle of Practice: Time, Agency and Science[M]. Chicago: The University of Chicago University Press: 5.

为一种结果，科学知识则是关于理论与各种实证命题的集合，是关于研究对象的科学表征的结果体现。这种科学观以及科学知识观为人类的文明、科学的研究以及社会各领域的发展都带来了前所未有的进步和辉煌，使人们一度陷入对科学以及科学知识盲目地崇拜和追求中。但随着科学技术以及科学知识在自然界和社会各个领域的全面渗透，科学的发展逐渐失去了控制，给科学的过度追求所带来的负面影响逐渐凸显出来。例如，环境的日益恶化，利用科学知识制造杀伤性武器以及对利益的一味追求，等等，使人在追求科学知识发展的过程中，善念丧失。也就是说，“现代人让自己的整个世界观受实证科学支配……漫不经心地抹去了那些对于真正的人来说至关重要的问题，只见事实的科学造成了只见事实的人”[①]，从而出现了科学乌托邦的梦魇。鉴于科学知识的表征与成果没有达到其关于推动社会进步与文明发展的最初承诺，反而成为制造混乱和恐惧的工具，人们也逐渐从对科学的盲目崇拜中抽离出来，开始反省甚至敌视有关科学的相关问题。

曾经一度处于知识体系顶端地位的科学知识突然在人们对科学问题的反省及反科学主义浪潮下遭受了前所未有的抨击，面临着信任危机。作为科学以及科学知识的方法论基础，科学表征的方法必然也受到重新审视，并且发现，无论是从表征的语义上，还是从科学表征的内在逻辑上重新剖析，科学表征原有的解释都经不起考量。

首先，从语义的角度讲，以往科学知识的产生是将科学研究限定在认知主体（科学家）以及认知对象（外在自然）的线性关系之中，体现的是认知主体对外在事物的客观反映或外在事物在大脑中的客观呈现。事实上，“表征”一词不仅仅有“再现”或“呈现”的意思，其还是复杂的实践过程。既与认知主体的主体性相关，也与其社会背景等情境性要素相关，体现着一定的社会发展脉络。它不仅是由社会成员的个体意识有机组成并为集体成员所共有的观念和共识，具有规范性、约束性特征，也是体现特定时期、特定社会背景特征的社会符号系统和认知系统。进一步深入分析，我们知道，表征动作的完成至少包括三个主要因素：“①表征是关涉两个对象——资源（被用来表征某物的一个特定的物体或事件）与目标（需要被表征的一个给定的物体或事件）的一种意向性行为；②表征也包含着一套编码惯例，即一组特定的规则，其对何为资源和目标之间的恰当的相似性关系进行了明确的规定；③最后是表征机制，这一机制确定了目标如何利用资

① E. 胡塞尔. 1988. 欧洲科学危机和超验现象学[M]. 张庆雄译. 上海：上海译文出版社：14.

源的相关特性被表征。”[①]这就体现了表征过程的能动性特征，其结果必然会受主体主观因素、表征规则、研究目的等复杂因素的影响，而对客观性与真实性的追求是表征过程永远无法企及的理想型。

而且科学表征的实在性、自然主义、价值中立性等逻辑性特征在复杂的社会背景与层出不穷的现实问题中，也因难以解答科学发展中的伦理问题、真理的界定问题等一系列问题而面临危机，科学表征也因此渐渐失去支撑。

（一）本体论依据遭到质疑

科学表征的客观实在性是科学表征存在的本体论基础和前提，往往我们将这种实在性视为不言自明，理所应当地存在，而没有对其进行科学意义的证明。

事实上，寻求科学表征实在性基础的困难很大，在人对实在性进行理解的过程中离不开语言媒介的表述，会使人们不能直达对实在性的认知。不仅如此，其中还隔着认知主体的观察、经验、感官的判断等因素，因此，科学表征的实在性在很大程度上只是一种可能性存在，并不具有绝对性。亦如皮尔逊（K. Pearson，1857—1936）所言，“事物的实在性依赖于它作为即时的感觉印象群出现的可能性”[②]，具有地方性、特殊性及差异性特征，而非理所应当地存在，推翻了以往科学研究中对实在性具有确定性的假设，科学表征的本体论基础有所动摇。

（二）依据的自然主义原则与科学知识的普遍性相冲突

科学表征坚持自然主义的原则，认知主体要如实、客观地反映认知客体所包含的信息，以此获得普遍性的科学知识，即科学知识是超越了时空限制对客观对象的反映。

但在现实中，科学知识的形成是对特定阶段、特定历史文化背景中的对象的呈现，因此，科学知识中必然包含历史、文化甚至道德的维度，属于地方性的特殊知识。一直以来，科学知识之所以受到追捧，并被认为是客观准确的，是因为科学知识的形成是“通过集体行动实现、保存和得到承认的”[③]。换言之，自然主义基础之上形成的科学知识是多种因素间互相抗争、妥协后所达成的一种平衡，是一种动态的过程，而非对认知对象一成不变的客观体现，是主动的而非被动的

---

① Bueno O. 2008. Scientific representation and nominalism: an empiricist view[J]. Principia, 12(2): 178.

② K. 皮尔逊. 1999. 科学的规范[M]. 李醒民译. 北京：华夏出版社：41.

③ S. 夏平. 2002. 真理的社会史：17 世纪英国的文明与科学[M]. 赵万里译. 南昌：江西教育出版社：4.

再现过程。

（三）价值中立性的弊端

科学表征坚持在科学研究中保持价值中立性，忽视表征过程中的一切情感、价值因素，以及科学知识的成果会带来怎样的负面效果。在这种主流观念的引导下，一方面，“生活世界被转化为几何学的和原子式的实在所组成的世界”[①]，其中的丰富多彩性都被缩减为简单的数字、符号、元素、公式，而人的价值、能动性、想象力等都被过滤掉，这就遏制了人类精神生活以及生活质量和层次的提高与全面发展；另一方面，一味追求科学知识的客观中立性，会导致人类的价值真空，对科学研究的成果可能导致的结果缺乏价值风险判断，从而可能导致社会灾难。

总而言之，科学表征的内在危机使其引以为傲的追求客观、中立的科学知识观遭受质疑。科学研究中对情感、利益等外在因素的依赖，逐渐被科学家重新审视，认为注重科学知识生产与经验事实及文化价值的关联，这样才最接近“实在”。不仅如此，人文社会科学在科学知识形成中存在的价值被充分挖掘，人们开始如梦初醒，重新审视科学及科学知识。整个学术界关于科学与反科学之间的争论也愈演愈烈，并于20世纪末爆发了科学大战。

其中，科学知识社会学在反科学主义的道路上走得更远，逐渐成为反对科学主义的主流。在科学以及科学知识究竟是什么的回答中，科学知识社会学强调科学研究中科学家的价值及能动性，认为科学研究活动的整个过程都是社会语境的，渗透着社会价值与社会因素，在某种程度上也可以说科学和科学知识是社会建构的。社会建构论的提出使科学知识由以往个体科学家的表征结果，转向社会因素在其中的影响与渗透，这在当时的学术界引起轰动，渐渐获得更多学者的支持，与科学表征的观点形成两种相互抗衡的力量，并引起激烈的争论。

第三节　科学知识的社会表征

无论是科学知识在社会中的具体应用所带来的负面影响抑或是科学表征内在的逻辑缺陷，都使科学知识受到质疑和指责。其中，人文科学研究者掀起了关

① 吴彤. 2010. 复归科学实践——一种科学哲学的新反思[M]. 北京：清华大学出版社：400.

于科学本质的批判并对科学知识的合法性提出疑问，认为以往的科学以及科学知识之所以在整个知识体系的发展中享有特殊地位，是因为科学知识的应用切实促进了经济、文化、医疗等方面的发展，给人类生活带来福祉，这是知识体系中其他知识种类无法企及的。但是，仅仅将科学知识的功能和作用作为评价知识地位的标准太过片面。于是，这些人文学科研究者主张科学知识的产生应在客观普遍性的基础上，加入其他诸如社会利益等社会因素，重新对科学知识进行界定和解释，扩展科学知识多方面的价值与功能，这同样也可以保证科学知识的合法性，莫斯科维奇的社会表征理论则为这种观点提供了辩护。

一、科学知识的社会建构

自近代科学产生，科学知识就被视为科学家或哲学家个体的产物，是认知主体在科学表征方法论如建立模型、科学演绎、理性推理等的指导下对外在世界所做的如实反映。这样的科学知识观有免于社会学解释的特殊地位。

随着哲学研究的转向，逻辑实证主义也对科学知识的本性做了系统的解释：科学知识是实证的、客观的，基于观察方式获得科学知识的过程，免受观察者主观思想的影响，对观察结果也只是客观性陈述而非主体意愿的表达，即观察与主体的经验理论零相关，经验事实是判断知识是否客观、科学的唯一标准。可以说，逻辑实证主义关于科学知识本质的解释是当时乃至其后很长一段时期内的标准解释，这种科学合理性理论也被称为“标准的科学合理性理论”[①]。此后出现的证伪主义，虽然在理论上对逻辑实证主义做了批判，但它仍然主张一种与数理逻辑结合的、静态的科学知识结构分析。因此，无论是逻辑实证主义还是证伪主义，都表达了这样的科学观：“科学知识是已证明了的知识。科学理论是严格地从用观察和实验得来的经验事实中推导出来的……个人的意见、偏好和思辨的想象在科学中完全没有地位，科学是客观的。”[②]可见，在早期的科学哲学家看来，科学知识作为一种标准科学被看作是一种对自然的精确表征，是一种去情境化的、没有任何“杂质”的理论。

随着科学表征危机的突现，人文学者转向对科学研究的过程进行多因素、多

① 贺建芹. 2006. 从科学知识的不同解释模式看科学知识社会学的发展[J]. 山东科技大学学报(社会科学版), 8(3): 19.

② A. F. 查尔默斯. 1982. 科学究竟是什么——对科学的性质和地位及其方法的评价[M]. 查汝强译. 北京: 商务印书馆: 10.

角度的分析。社会学也是如此，致力于从社会学学科本身的角度探讨科学知识的产生过程，但是，由于受早期科学主义的影响根深蒂固，起初关于科学知识的界定仍然局限在知识二分法的框架中。虽然曼海姆克服了对知识普遍一致性的盲从，将“知识”界定为主观的、由社会决定的社会科学知识，但其思想仍然徘徊于二分法的传统中，强调自然科学知识享有特权，免于社会学解释。默顿也试图对科学知识进行社会学宏观视角的分析与把握，但也仍局限于对科学知识的外在社会现象进行研究，不涉及科学知识的内容及其深层本质，其实质是一种“黑箱式”功能主义的社会学，反而为科学圣殿围铸了一堵更为坚实的保护墙。

在笔者看来，无论是逻辑实证主义，还是知识社会学或科学社会学，都对近代以来认识论一直在致力于回答的最核心问题——知识何以可能、认识主体怎样才能获得客观真理和各种信念——做了近乎一致的解释：科学的目的是通过客观经验、逻辑规则建构关于客观世界的图景，在此过程中，知识的真伪只能通过实证检验来判别，科学知识因此是特殊的、享有某种优越性的客观知识体系，它是科学家个人对客观世界的主观表征，是科学家个人对科学研究的程序、结构、逻辑进行的一种静态研究的结果。这种科学知识注重知识表征过程中科学方法的合理重建，强调对分析、还原和逻辑方法的运用，使科学知识成为一门精密的学科，而不以科学家的个人品质和社会属性为转移。

20 世纪 70 年代初，科学知识社会学的产生彻底扭转了这种认知和现状，将科学社会学的研究引向科学共同体的认知层面，对长期以来享有免于社会学解释的科学知识特权提出挑战。科学知识社会学的学者们重新对科学知识的本性进行深层反思，认为一切知识“不论是经验科学知识，还是数学知识都应该对其进行彻底的研究……没有什么特殊的界限存在于科学知识的本身的绝对的、先验的或存在于合理合法的、真理的或客观的特殊本质之中”[①]。可以看出，科学知识社会学的学者们不满足于对科学知识进行纯客观的解释，认为只对非理性的、失败的信念和知识状态做社会学解释是一种不对称立场的外在表现，因此致力于对科学知识的社会学解释。

“同原有的认为不同，它（科学知识社会学）脱离了以笛卡尔、康德为代表的研究传统，并不是从认识个体这个角度来研究知识，而是强调对知识进行现象学的考察，直接研究知识的内容与社会因素的关系。”[②]因为原来那种个体的、

① D. 布鲁尔. 2001. 知识和社会意向[M]. 艾彦译. 北京：东方出版社：7.

② 顾正林. 2007. 从个体认识论到社会认识论——当代认识论的另一个转向[J]. 科学技术与辩证法，24(6)：53.

高度精密的、价值中立的科学知识显然是不可能实现的，具有某些主观虚妄性，这就势必要求把社会、环境、文化等综合因素都考虑进去的集体或社会的科学知识观的出现。

当然，在科学知识社会学产生之前，就有对这种不对称解释的异议。库恩的“范式”理论是典型代表，将以往完全排斥的社会、心理等因素渗透在共同体对理论的选择中，赋予了非理性因素在科学发展中的合法性地位，导致了相对主义方法论的盛行，对科学的客观性、理性形成了真正的挑战，打破了以往关于科学知识具有普遍性和经验检验性的观点，对科学知识社会学的形成产生了直接影响。波普尔（K. R. Popper，1902—1994）的证伪主义、汉森（J. Hansen）的观察渗透理论也通过批判逻辑实证主义的知识观，强调理论与观察不是独立的，情境因素对科学家的观察实验及实验结论至关重要，否认科学知识是一种天然产物。费耶阿本德则认为科学知识并不是区别于宗教、艺术的理性知识，而是一种与宗教、艺术、文化、音乐等相互联系的文化系统。除此之外，不论结果如何，在对科学知识的不同理解中，知识社会学考虑到了情境、社会因素在科学研究中的作用；后现代主义的研究者也反对将科学知识视为“自然之境”，强调科学知识仅仅是一种自圆其说的地方性叙事知识罢了，等等，这些都为科学知识社会学的产生提供了充分的话语及理论基础。

不难看出，无论是库恩、汉森还是费耶阿本德，在对待科学知识的问题上都反对科学知识做的不对称解释，他们试图将科学知识从黑箱中解救出来，并对其做社会学的解释。科学知识社会学更是从起初的“强纲领”到后来的建构主义，都否认自然界在科学知识产生中的决定作用，认为科学知识在本质上是建构的，从而试图消解自然科学与人文科学之间的鸿沟，把科学与文化、宗教等平等看待，科学不再具备任何优越性。

可见，科学知识的表征不仅是科学哲学，同时也是科学知识社会学共同关注的问题。自此之后，科学知识的解释发生了由科学表征向社会建构论的转变，颠覆了一直以来科学知识所享有的特殊地位。把科学知识的产生理解为科学共同体集体的表征，而不仅仅是科学家对客观事实的真实描述过程。其中布鲁尔、巴恩斯、诺尔-塞蒂纳（K. D. Kno-Cetina）等研究者都从不同角度论述了科学知识的社会建构论思想。巴恩斯竭力主张科学家的信念、地位、兴趣爱好以及外在社会因素等都会影响科学知识表征的过程，因此科学知识是一种被接受的信念而非对外在事物的如实反映。布鲁尔的“强纲领”，也完全抛弃了对标准科学知识观的信仰与崇拜，抛弃了科学知识的优越性和完美特性，强调科学知识同其他种类的知识一样拥有同等地位，并且是社会建构的产物。塞蒂纳等则将人类学的方法运用到科学研究的实验室研究中，充分论证了科学知识的社会建构性，冲击了科学的霸主地位，进一步瓦解了传统的标准科学表征观。

简而言之，科学知识的社会建构论拒斥科学表征基础之上的标准科学理念，将科学知识的形成交付给科学共同体的共同信念与磋商，由负载着不同价值观、利益的科学家主观建构。因此，在某种程度上讲科学知识其实“可以被看作是加工制造出来的货物，就像国际市场上的货币一样，它们也会上下波动，因不同的表征程序而或强或弱地显现”[①]。

二、建构论科学知识观的合法性

科学知识的积累给社会发展带来的负面影响使社会科学对科学知识的合法性产生怀疑。库恩范式理论将这种质疑转换到科学哲学领域，并将对科学知识的问题转化成科学方法的合理性问题。在库恩看来，若没有产生科学知识的方法，如何能保证科学知识的合法性和权威？这也由此成为科学哲学中讨论的核心问题之一。

（一）符合共同体利益——科学知识合法性的新标准

在笔者看来，以往科学或科学知识观合法性地位，主要由两个原因确立：第一，从科学知识的形成历史看，长久以来它一直都是建立在理性研究的基础之上，被视为客观、理想且合逻辑的科学研究的成果，是科学理性权威的体现；第二，科学知识的合理性由科学知识所依据的方法论提供辩护及保证，因此，科学表征被视为确定科学知识合理性的证据承诺。也正是这样，才能确保科学知识的成果继续运用于科学知识的积累及社会生活领域。

社会建构论科学知识观的形成在关于科学知识合法性问题的方面则持不同观点，科学知识的合法性不能仅以理论为基础，并通过理论的数字化进行保证和评估。科学知识的形成除了依赖科学家的理性因素，也有非理性、非客观性以及非逻辑性等因素的参与，甚至在科学知识的形成过程中起关键作用。同时，其还认为科学知识的合法化不是针对静态的科学研究及科学知识本身而言的，而应从

① Potter J. 1996. Representing Reality: Discourse, Rhetoric and Social Construction[M]. London: Sage Publications Ltd: 5.

科学知识形成的过程中规范科学研究的进程以保证科学知识的合法性，可以说，科学知识的合法性是“关于过程的研究，社会作为一个整体，通过这些过程寻求达到一种与全部环境——物理的、心理的和知识的——相关联的理解或认识”①。

建构论的知识观批判了以往传统理性化的科学知识的合法性，否认通过对外在事物的客观反映可以逻辑地产生巨大的福利价值，主张要从社会学的视角对科学知识的合法性进行解释，而科学知识的形成是科学共同体共同协商的结果，体现着认知主体各种利益之间的博弈、斗争与建构，因此，科学知识的合法性应以利益为评估标准。

我们知道，知识表征的发展经历了由个体知识表征向社会知识表征的转换，科学知识的表征也顺应这种趋势，体现了社会性的特征。这不仅使一直享有客观知识特殊地位的个体科学知识受到了挑战，使“表征”还是“建构”作为两种差异的、对立的观念一度成为科学大战争论不休的焦点。同时，建构论将是否符合科学共同体的集体利益这种社会性因素作为评估科学知识合法性的标准。但是，这种标准是否具有效力？换言之，科学知识社会学对科学知识的解释是否行得通？同一时期产生的社会表征理论则通过强调社会因素在知识形成和描述过程中的重要作用，合理地解释了科学共同体对科学知识的社会表征。

（二）社会表征理论对科学知识合法性的解释

20世纪60年代，社会化、异质化迅速进行并蔓延，社会心理学在通过传统的态度、刻板印象等概念解释这种社会与心理的整合中感到力不从心，而通过其他诸如意识形态、世界观等概念对社会文化的异质性解释则又太宽泛而缺乏力度。面对这种尴尬与无奈，法国社会心理学家莫斯科维奇在杜尔凯姆集体表征理论的基础上，于1961年在其《精神分析的公众表象》一书中首次提出关于社会表征的理论。他将社会表征界定为：“某一群体所共享的价值、观念及实践系统，并认为其兼有两种功能，其一是为个体在特定生活世界中的生存进行定向，其二则是提供可借以进行社会交流及对现实世界与个体、群体历史进行明晰分类的符号，使人际沟通得以实现。”②

可以看出，社会表征是以社会为基础，并经社会沟通后形成的社会成员间共同拥有的观念、意向或知识。这些观念、知识等既源于人们本身的经验基础，同

① J. M. 巴德. 2003. 杰西·谢拉，社会认识论和实践[J]. 李红霞译. 国外社会科学，(1)：105-107.

② Moscovici S. 1976. La Psychanalyse, son image et son public[M]. Paris: Presses Universitaires de France: 103.

时也由传统习俗、教育和社会交流等方式所传递的信息内化而来。作为共识性知识，社会表征不仅被组织内的成员所共有，同时也是他们之间交流与沟通的基础。简言之，社会表征隐含了一种社会共识。这样，对处于同一文化社群的成员而言，社会共识建构了他们理解其生活世界的思维模式和认知框架，即将人和事物置于一种熟悉的语境中给予习俗化。

从对莫斯科维奇的社会表征概念的分析可以得出：第一，在同一文化社群的成员对特定客体的认知与表征中，可以共享一定的观念、信息与知识，即社会文化具有主体间性；第二，对同一客体，不同的文化社群会形成不同的认知与表征，即社会认知具有异质性，这就揭示了文化与认知互构互生的辩证联系。而强调社会成员的交流互动构成了社会表征，社会表征反过来又对社会成员有规约作用，这可以解释科学知识社会学中科学知识的集体间性。

我们知道，科学知识社会学对科学知识的重新理解，冲击了传统科学知识的特殊地位，指出了个体表征的缺陷。更重要的是，通过对科学知识的重新理解，科学知识社会学体现了一种新的认识论——社会认识论。在这种认识论中，知识共同体是科学认知的相关单元，强调“知识共同体”的社会认知的突出地位。这是以往无论是知识社会学还是科学社会学都没有体现的，它们仍体现的是科学家个体的活动，而没有将知识看作集体认知的结果，使科学知识的产生成为科学共同体集体表征的产物，这与社会表征理论的产生有着相似性。

对科学知识的个体表征做了彻底否定的科学知识社会学重新定义的科学知识是科学共同体的社会表征吗？社会表征理论又能否解释这种科学知识的产生呢？

第一，科学知识社会学把科学知识的形成看作集体认可的信念。巴恩斯、布鲁尔和柯林斯等的“强纲领”思想，从因果关系上对科学知识进行了社会学的解释，在消解其科学合法性地位的同时，也坚信主体的经验会影响理论的产生，但理论的选择与形成又取决于科学共同体所信奉的特定范式，它是科学共同体之间磋商、解释和争论的社会过程与结果。个人体验、观点、价值观的差异，使其很难成为人们共享的东西，需要集体的协商才能决定，因而强调“看待科学知识的本性，不能对孤立的个体行为和信念进行哲学分析，因为科学知识是社会文化的产品，是文化选择和社会协商的结果”[①]。这便由原来的个人认知，向一种由科学共同体构成的集体或社会认知转变，而科学共同体由于遵循同一科学规范，拥有相似的文献及理论，并以共同的研究目标为己任而成为知识产生的主体甚至是

① 郭启贵，高文武. 2012. 爱丁堡学派科学知识社会建构论批判[J]. 河南科技大学学报(社会科学版)，30(1)：42.

决定者。因此，知识的产生是科学共同体与社会环境、社会文化、专家的背景之间主体间化的结果。

第二，社会表征理论将知识表征的实现视为锚定（anchoring）和具化（objectifying）共同作用的结果。锚定在知识表征过程中主要发挥理解和沟通的作用，体现"一种规约化和世俗化的过程，通过用既有的名词概念或事物规则让新的事物很快被熟悉，让人们以熟悉的事物为图式来了解新奇陌生的事物，以化解人们无法应对新奇概念所产生的不安和紧张对立状态，或是降低由于缺乏相关知识而导致的威胁感受"[①]。换言之，面对不熟悉的认知对象时，主体通过启用锚定机制调动大脑中原有的、基于熟悉事物的认知库存，并将其整合，使其成为可以对新事物进行分类、命名或定义的新的认知系统，即通过熟悉事物的概念、意义达成对不熟悉的事物的沟通与理解。在这个过程中，既有的认知库存是基础模型，以此为基础，才能将新异事物划归到既有类别，并转化为自身所熟悉的模式，而且"锚定的历程在熟悉的类别脉络中给社会信息赋予更多的内容，使人们在长期的脉络化中建立自己的群己关系，之后产生行为与思考倾向，并且产生路径依赖，进而演变成强势的价值观念"[②]。具化，顾名思义是具体化，是在对新的事物形成认知的过程中，主体将构成社会框架的抽象元素诸如规范、价值观、惯例等，通过拟人化（personification）和比喻（figuration）两种途径，将其具体化的过程。通过具化机制，可以实现由抽象的、内隐的事物向主观上可视、可感、可触的现实存在转换，体现了社会思维的一般过程。这就有助于解释和理解常识知识与科学知识的关系，特别是理解从新异事物到熟悉社会现象和人类经验的过程。

通过论述可知，具化机制是锚定机制的延续，不熟悉的认知对象因为锚定环节而置于熟悉的认知系统中并因此具有意义，进而通过具化，将认知对象中抽象的信息转化为具体的意象，最终实现对认知对象的理解，获得相应的知识表征。因此，作为一种动态过程，社会表征分别通过内在（锚定）与外在（具化）的引导机制，将新异的事物或观念转化为具体的、熟知的、客观的社会共识实体，并使其成为现有社会设置的组成部分。

第三，科学知识的产生和承认需要共同体内部的沟通和磋商。一方面，个体的认知产生和评价要成为大家所共识的、集体承认的知识，需要共同体内部的沟通。认知个体遵守行为的共同准则，因而人们在互动中，可以通过沟通与协商实

① 管健，乐国安. 2007. 社会表征理论及其发展[J]. 南京师大学报(社会科学版)，(1)：94.

② 杨宜音. 2008. 关系化还是类别化：中国人"我们"概念形成的社会心理机制探讨[J]. 中国社会科学，(4)：157.

现信息的交流，并实时调整大脑中已有的认知表征，以符合共同体准则的要求，最终形成共识——科学共同体的社会表征。所以“事实是被集体界定的，任何知识体系由于其制度特征，必然只包含集体认可的陈述”[①]。另一方面，科学知识的产生不仅是科学共同体逻辑、合理的认知活动的体现，同时也承载着一定的社会态度，通过对新异事物的分析与探究，人们不仅可以获得相应的表征，也可以对它做正面或负面评价。而且，科学知识社会学的学者都认为科学知识并不是绝对的，它的产生带有许多偶然性，因为科学知识本身就负载着利益和社会磋商产生的偶然性。

实验室产品要纳入公共知识体系，就必须得到拥有不同文化、利益及价值观的科学家的评价与认可。因此，科学中的“每一个新发现都是一个结果，这种结果并不是运用评价经验事实的一套理性规则的结果，而是偶然事件的结果，是偶然使用个别仪器、个别材料的结果，是实验室内部成员之间或是实验室内部及外部成员之间磋商的结果。只是在把发现写出来给同行看的时候，科学家才强调理性，而抹杀了导致这种发现的偶然性和社会性的磋商”[②]。

第四，科学知识的产生还受制于科学共同体的价值观、兴趣、利益选择等因素，从某种意义上讲，科学知识是共同体理解体验的结果，是他们结合了“无形且不可见”的主体、社会、文化等语境给出的解释。科学知识的本质也由“正确的信念”变为被集体“接受的信念”。因此，科学活动中的协商和共识，比自然界的裁决更重要，甚至连自然规律本身也是科学家群体发现和建构的结果。拉图尔、塞蒂纳通过对处于科学核心地带的实验室进行观察，揭示了科学知识的社会构建特征。在他们看来，科学知识关于预先给定的、独立于人类活动自然秩序的解释被打破，科学知识产生的每一步（如研究所用的材料、文化资源等）都是人类的创造，因此具有社会性；某些领域的知识也体现了社会知识与社会因素之间的因果联系（或是社会制度的产物，或是群体协商的结果），否认自然在知识生产中的作用。塞蒂纳认为，科学研究中存在资源要素的分配，使得科学实验可以体现为一种可以反映实验室中科学家之间交换关系的认识文化。这就说明，虽然科学知识是共同体内部共同协商的结果，但设计科学实验时，共同体会不自觉地将自己的爱好、价值观、偏好等因素加入进去，从而导致科学知识最终成为共同体与主观情感、环境之间张力的体现，这表明科学知识是符合共同体本身的利益和需求的。

---

① B. 巴恩斯. 2001. 科学知识与社会理论[M]. 鲁东译. 北京：东方出版社: 24.

② 卡林·诺尔-塞蒂纳. 2001. 制造知识——建构主义与科学的与境性[M]. 王善博，贺建芹译. 北京：东方出版社: 88.

第五，莫斯科维奇提出了社会表征的核心——基耦（themes 或 thematic），并强调了它在社会表征和对话中的独特意义，它一方面存在于常识知识的原型中，另一方面也长期植根于文化和观念锚定中。基耦位于表征层面中最为核心的层面，是从复杂的现象表征归纳出的进行科学阐释的逻辑维度，而这些现象表征和逻辑维度究其根源都是由核心的基耦维度所衍生的，而基耦就其存在形式而言，又常常以二元或三元偶对形式出现，它们相互交错衍生出诸多的复杂表征。也就是说，在社会表征的形成过程中，基耦强调的是社会表征的深层结构。在科学知识的产生中，信任和权威能使科学共同体在创造、研究、实验中最终得出大家所接受、认可的结果。信任和权威深深嵌套在社会互动和对世界的探究活动中。科学知识是科学共同体集体的共识，科学作为一项集体事业，共同体成员间的彼此信赖、对学术主张的认同都是暂时的，只有将其整合到共同体体制化的行为当中，才能被广泛地理解和接受，并得以稳固树立。同时，作为共同体集体行为的实现，科学知识的交流、实现、拥有是建立在共同体成员之间以“信任”与“权威”为基础的道德关系及道德秩序之上的。因此，科学共同体不单纯是一个集体概念，也是一个由个体、个体间的道德结构关系、权威、信任以及规范等因素构成的道德系统或共同体秩序。这种对科学知识的认识是基于不同时空的个体认知者的集体认知。

由此我们得知，科学知识的产生体现着科学共同体内部的相互作用，与传统微观的个人认知过程有所不同，它从宏观意义上体现着一种社会知识表征。社会表征理论重返人文主义话语形态，对特定文化群体的社会表征面临新异事物的突现，以及所产生的一系列变化、重构或调适等机制进行深入研究。当然，社会表征是以其预设的辩证性前提为基础的，即作为社会的一分子，个体的存在与认同只有基于集体性才有效，并为社会所塑造。它本身也存在两个主要缺陷：一是偏重社会表征的内容与结构的研究，而忽视其功能及社会意义，在现实社会生活中，表征常常与各种权力关系纠葛在一起，而非中立的；二是关注社会文化的主体间性的同时，未触及个体层面动态化、多样化的认知过程。尽管如此，社会表征对解释科学知识社会学对科学知识的重新定义和重新解释有重要意义。

第四节　科学知识的表征危机

社会建构论的科学知识观建立在对科学表征的知识观批判的基础之上，反对以往的自然实在论观点，主张科学知识不是科学表征的结果而是社会表征的产物，因此又陷入了社会实在论的困境之中。进入 20 世纪 90 年代，科学研究中发生了由注重知识表征的科学向注重实践科学的转变。科学活动不仅仅是科学知识表征的结果，同时也是一种生成的过程，包含了研究主体或认知主体在研究“介入”中所产生的各种感悟、想象或者语境。因此，科学的形成与研究过程是表征与实践或者介入之和，表征是科学知识的体现结果与呈现方式，介入则使科学知识更加饱满、全面。二者在科学知识或科学研究的过程中是缺一不可的两个重要方面。

一、社会建构论科学知识观的表征危机

社会建构论的科学知识观主张从社会的视角对科学知识进行对称性的解释，在实在论与反实在论之间的争论中，选择了反实在论的阵营。对科学知识的研究侧重文化的、地域的等多因素的社会性说明以及经验描述，从集体利益的角度对科学共同体的集体行为进行描述。其同以往科学知识观相比丰满了许多，也更加完善，就其所提出的目的、观点的重要性以及研究思路和研究成果而言，具有重要意义，开辟了思考和理解科学的新路径，也因此得到学术界的肯定。

尽管如此，建构论的知识观也并非一种完美的理论，主要存在以下两个问题。

其一，反身性难题。社会建构论者是受库恩范式及其范式之间不可通约性的影响对以往科学知识生产过程中忽略社会因素的科学知识观产生怀疑的，并以其为切入点对以往科学知识的研究进路进行批判。但是，到了 20 世纪 70 年代，随着科学知识社会学研究热潮的冷却，人们逐渐对建构论的知识观进行反思，认为以“科学的态度与方法”标榜自己的科学知识社会学，在对科学知识的产生与界定重新进行社会性方面的解释中，没有对称性地将自然因素的影响纳入其中，完全排除了自然世界在科学知识表征过程中的可能作用。库恩在后来也指出，“社会学和历史学的这类研究越是在形式上得到承认，它就越是不会令问题满意解决。在这些新的研究形式中，他们非常随意地否认对自然的观察在科学发展中具有作用，但是，对于自然在关于科学的谈判中发挥作用的渠道，他们从来没有给过正式的说明，并声明要在后现代主义的浪潮以及科学知识社会学的冲击下捍卫知识和真理的概念”[①]。

因此，建构论的科学知识观并没有解决自己最初所批判的自然科学知识中的

① Kuhn T S . 2000. The Road Since Structure[M]. Chicago : The University of Chicago Press: 91.

不对称解释问题。它只不过是将以往诉诸自然原貌的科学知识观转向了社会利益等社会因素，由科学知识的社会表征取代以往对外在自然反映的科学表征，以科学知识的社会本体论地位代替自然的本体论地位，使得自身和自身的批判对象陷入“以子之矛，攻子之盾”的矛盾以及方法论上的反身性困境之中，从而走向自己所反对的科学主义。这种矛盾使社会建构论关于科学知识的合法性遭到质疑，因为“一个瓦解了其他知识系统的‘内在’理性的解释纲领如何可能阻止其自身同样遭受这样的瓦解”①？

其二，在科学知识的形成过程中注重科学知识产生的社会背景、文化、习俗等因素，却没有解释科学知识与这些因素之间的差异和变化，从而导致其极端相对主义的立场，这种“相对性似乎概括了所有对我们的认识安全的威胁。如果真理和实在被相对性哲学看成是依赖于情境和文化的，那么该哲学的地位本身也就自动地被摧毁了”②。

通过分析可知，社会建构的科学知识观基于人类社会试图通过对社会的真实反映获得相关科学知识以瓦解传统科学观的根基的主张实施不通，它关于科学知识真实性、准确性的解释说明仍没有丰满、如实地刻画，因此遭到批判，继而引发了认识论、方法论和本体论等方面的问题。

笔者认为，从表面上看，科学知识社会学中的建构论者批判以往表征主义的科学观，将以往的科学研究界定为“木乃伊科学”，并试图通过对“科学过程”的把握，获得关于“真实的科学”的认知，二者看似是彼此冲突的两种观点，实则都是在表征主义的解释框架中对科学知识进行描述说明的，共享表征主义的知识观，使科学知识作为合法性的存在。不同的是，前者是关于科学知识的自然的表征，后者在扩展了表征研究的基础上，将科学知识的表征诉诸对社会实在的呈现与表征，这些都不能改变科学知识作为表征性内容与结果的事实。因此，尽管建构论把科学知识归结于社会建构的结果，丰富并完善了科学知识的社会性方面，但“他们却未经反思地接受了传统科学哲学中的对科学的表征性语言描述”③，使科学知识社会学又重新作为表征主义的科学观而呈现。在科学表征主义框架的限制下，建构论对以往科学观批判的锋芒被削弱，其丰富的蕴涵也被抑制，这也正

① Rouse J. 1996. Engaging Science : How to Understand its Practices Philosophically[M]. Ithaca: Cornell University Press: 9-10.

② Ashmore M. 1989. The Reflexive Thesis: Wrighting Sociology of Scientific Knowledge[M]. Chicago :The University of Chicago Press: 17.

③ Pickering A. 1995. The Mangle of Practice : Time , Agency and Science[M]. Chicago: The University of Chicago Press: 10.

是社会建构论的知识观陷入矛盾与困境的症结所在。

二、以实践科学代替表征的科学行不通

社会建构论的科学观之所以会陷入其方法论困境和危机，就在于它试图通过加入社会性的因素对科学知识的形成与呈现做真实的描述，并还原科学知识的真实形成过程。但是，由于其受以往表征思想影响至深，在研究过程中，也运用的是表征性方法，以表征性语言进行描述（科学知识是对外在实在的真实反映，其中对理性的追求与维护是科学认识论与方法论的基础，最终可以获得真理性的科学知识，把握世界的真实信息）使其最终不得所愿，无法对科学知识产生的真实性进行把握。这也是建构论与标准科学观之间产生争执的前提，即关于科学知识能否真实地反映外在实在的不同认知。

事实上，在实际的科学研究中，科学并不仅仅是自然表征的产物或者是对社会实在的表征，同时也包括科学家的实践与介入。科学知识得以表征，知识、信息与文化才得以传承并传播，但同时注重主体的实践过程、参与过程才能反映科学研究的真实状态与活力。我们不否认科学知识表征的重要作用及价值，但不主张一味强调理论优越性的表征主义（representationalism），要在注重表征的同时，也不能忽视科学研究中实践的构成性作用。

科学研究的实践观主张以操作性语言（科学以及科学知识的形成过程是人与外在世界之间互构、实践的过程，在这个互构链条中，构成科学知识的理性因素、方法论原则等因素仅仅是作为整个链条中的异质性要素参与进来的，而非全部因素。同时，科学知识的过程也是一种历史生成过程，它包括许多异质性因素，但是，在不可逆的时间中进行的这些研究与行为就决定了科学研究过程的客观性，而非相对性）代替表征性语言。“科学的表征性语言描述强调对‘永恒秩序’和‘普遍本质’的追求与把握，而科学的操作性语言描述对‘现时秩序’中科学活动的‘情境特质’高度敏感”[①]，因此，表征并不是构成科学知识的全部，而应将其与实践过程相结合，这样才能解决以往科学知识观中所蕴含的矛盾和危机。这也是自库恩提出“范式之间不可通约”，主张将历史、文化等因素引入科学知识的考察中，到科学知识社会学彻底用社会历史因素解释科学知识的产生，但最终没能解决其抽象理论的难题，走出表征主义的阴影，再到后科学知识社会学主

① Lynch M. 1993. Scientific Practice and Ordinary Action[M]. Cambridge: Cambridge University Press: 183.

张用作为实践和文化的科学，代替科学知识与表征的观念，用对科学的操作性语言描述取代对科学的表征性语言描述，给科学研究过程以动态的、生成的以及过程的解释。这个漫长的过程正如哈金所指出的那样：在表征层面上，“实在论与反实在论的争论……永远不能产生结论性的观点……我们（需要）从真理和表征，转向实验和操作”[①]。

实际上，科学研究对实践的关注在科学知识社会学中就已出现，但由于当时对科学知识的社会学解释势头正猛，因此被忽略。直到后来才在科学知识社会学内引起争论，并在皮克林的《作为文化与实践的科学》一书发表并提出后科学知识社会学的概念之后，这两场争论开始激化并发生决裂。

作为两种不同的观点，后科学知识社会学与科学知识社会学必然在许多方面有本质的区别。第一，在本体论上，科学实践观反对以往以自然或以社会实在为本体的二元论观点，而以自然与社会的混合体取而代之，为后科学知识社会学提供本体论基础。而在自然科学研究过程中，社会建构论等的研究策略是通过“揭开表象的面纱，以描述其背后的因果结构，这一结构……是可见的现象产生的原因”[②]。简单而言，即对任何社会现象都预设一个本质，认为科学知识的表征就是对事物本质的把握。第二，在认识论上，科学实践观注重对科学研究过程的描述，包括对科学研究中的情境、隐藏的因素等都进行描述，反对寻求背后的规律与本质，这就决定了二者在研究方法上的分歧。第三，在研究方法上，致力于从社会学角度对科学知识重新考察的科学知识社会学，试图对科学知识的实际生成过程进行研究与描述，真实地反映科学研究或科学知识的产生过程，但在实际操作中，它却没有严格遵守这一原则，没有将这一原则与社会性因素很好地结合，因此更确切地说，社会建构论的知识观采取的是强规范主义与弱描述主义相结合的方法。实践科学观则持反对意见，认为规范化的方法不可能达到对科学的全面把握，这是行不通的。其主张科学的研究过程需要的仅仅是对研究过程的情境、整体性等进行描述，“与其说是试图根据潜在的倾向、抽象的规范或利益来解释实践，不如说社会学的任务将是描述那种构成实践的行动整体”[③]。可见，科学实践观是以彻底的描述主义为研究进路的。

① Hacking I. 1983. Representing and Intervening[M]. Cambridge: Cambridge University Press: 40.
② Pickering A . 1997. Time and a theory of the visible[J]. Human Studies, 20 (3) : 326.
③ Lynch M. 1992. From the “Will to Theory” to the discursive collage: a reply to Bloor’s “Left and Right Wittgensteinians”[A]//Pickering A, et al. Science as Practice and Culture[C]. Chicago: The University of Chicago Press: 290.

通过论述可知，与以往科学知识的表征观在本体论、认识论以及方法论上有很大不同，科学实践观更注重通过科学实践把握科学研究中的情境性因素，以获得科学研究的实践客观性，并试图以此取代科学表征观。而在笔者看来，自科学知识产生以来，人们一直关注的都是科学研究的产物——科学知识，因为科学知识的表征是科学研究很重要的部分与体现，科学研究的呈现最主要的还是依靠科学知识的形式。单纯就科学知识的形成与表征而言，科学知识显然由单纯的、小规模的个体研究向社会化的方向迈进，并由对外在自然事物的完全表征转向不完全的表征形式。

结　语

知识表征的研究无论是从认知之外抑或是在认知内在机制的角度，都经历着个体性向社会性的转向，知识表征的社会性得以凸显，其中对科学知识的解释也发生了社会性的转变与取向。这种变化过程通过知识表征的体现反映了方法论中理性主义与相对主义或是科学与人文等二元之间多回合的博弈与较量，在相生相克中寻求融合与共存。最关键的，这种知识表征的社会性转向体现了认识论上由个体认识论向社会认识论的思维方式的变化。

在哲学界，认识论亦即关于“知识”的理论，是对知识的性质及知识如何确证（justification）的研究，认识论的主要功能是为知识提供一个可靠的基础，即对知识进行辩护。知识表征的研究要结合相应的社会性因素，如此，知识表征的认识论研究也必然要体现相应的变化趋势，而在此之前知识表征在认识论上体现着自然化的趋势。因此有必要对以往的认识论进行分析，在此基础上建立一种与知识表征的本体论相应的社会性的认识论。

传统的认识论本质上是思辨的，对知识的怀疑和辩护始终是传统认识论发展的主线，知识的来源主要是靠研究者的知觉、经验、记忆和推理，“一个真信念并不是知识，除非它得到了辩护”[①]正是这一时期对知识的态度。自柏拉图起，几乎所有的哲学家都对此做过努力，如亚里士多德在讨论何为知识时，提到要将知识看作是通过证明获得的，这里的“证明”是指亚里士多德关于科学知识的三段论。“我思故我在”的横空出世使近代认识论发生转向，形成了唯理论与经验论两种不同观点，无论是唯理论还是经验论都主张寻求知识的基础，只是出发点不同。但经验论终究无法解答用个别的经验解释普遍的问题，虽然后来休谟用其

① Goldman A L. 1986. Epistemology and Cognitive[M]. Cambridge: Harvard University Press: 43.

“因果联系”做了解释，但也无法摆脱归纳问题的困境，这就使传统认识论在寻求知识的确证上陷入困境。可见，传统的认识论时期，不同的哲学家对知识表征的方式不同，但在承认要对知识进行辩护上却是一致的，使表征的知识不同于主观的信念。

陷入知识确证困境的传统认识论被蒯因（W. V. Quine，1908—2000）的自然化认识论所取代。事实上，自然化认识论的思想在孔德的实证主义哲学中就已体现，主张要对一切知识进行自然化，后来进化论思潮的出现和心理学的独立促进了自然化的进程，但并没有形成强大的影响力。直到 20 世纪中期才产生很大的影响，尤其是以逻辑实证主义的兴起为标志，因为逻辑分析技术的成熟能为知识表征寻求一种保证和确定性，尽管其最终也没能回答个别的经验如何解释普遍性这一科学命题，但它发展出来的技术以及取得的共识是以往任何认识论所无法比拟的。相比较而言，蒯因的认识论更具有认识论和方法论的意义。

传统的认识论是站在自然科学之外对研究进行说明的，并对表征的知识进行规范性、合理性的辩护，致其陷入知识确证的困境，如传统经验论对认识的探讨。因此，认识论应当在自然科学内部用自然科学本身的研究方法说明知识表征的合理性，打破以往哲学高于自然科学的特殊地位以及认识论是科学的支撑这一格局，把这种关系颠倒过来，使认识论既不外在于自然科学也不高于自然科学，而是单纯作为心理学的一章，从而是自然科学的一章。其中，心理学问题就包含了所有认识论的特征和内容，使认识论从规范性纲领转化为描述性纲领，将知识如何表征作为心理学的研究得以展现。这种自然化认识论从起点上分析了主体意识的产生过程以及内在机制，保证了知识在起点上的可靠性，也反映了认识发生的过程或知识表征的过程是认识主体个体性思维的结果。

作为自然化认识论的另外一种形式或研究进路，认知科学推进了知识表征的自然化研究。认知系统的复杂性使认知科学将人工智能、认知心理学、心理语言学、神经科学、人类学和哲学等学科相互结合，共同完成对人类认知的研究。作为认知过程中很重要的一个研究部分，认知科学也对知识表征有深入的探讨。信息加工理论就以“计算机”隐喻为基础，将人脑假设为一个物理符号系统，知识表征过程便是一个信息的输入、加工处理与输出的过程。受生物学及神经科学影响和启发的联结主义则认为，作为大脑的认知活动，计算机模拟结构的建立应类似于人类大脑的神经网络，大脑是一个动态的网状系统，由类似神经元的基本单元和结点构成，各个网络结点并行分布加工，“大脑根据在适当状态空间中的位置，对现实的各个方面做出表述，同时根据大脑从一个状态空间到另一个状态空间的坐标变换来完成计算"[①]，因此，在知识表征的方法上强调知识之间是通过多个单元之间激活的关系来表达的，而不是一对一的关系。

总之，无论是受自然科学影响而产生的蒯因的认识论还是认知科学的认识论，它们都抛弃了哲学的优越感，把认识看作自然化的过程，主张利用心理学、神经生理学、生物学等学科的成果来分析知识的产生，以保证知识在起点上的可靠性。这与传统认识论所主张的知识表征对知识的确证依靠的是哲学上的辩护相比，更加注重知识表征过程的科学化。但这两种认识论只是在知识确证的方式上有所不同，其认识论框架仍都是个体主义的，被唐斯（S. M. Downes）称作"认知个人主义"。这种个人主义的认识论忽视了社会文化因素对人脑在认知过程中的影响，即忽视了认知的社会维度，所以自然化认识论对传统认识论的改造是不够的，最终也会陷入科学与认识论的还原及科学知识缺乏辩护的困境。

知识表征的个体认识论研究是不可行的，"科学家要避免个人的经验限制，应考察认知的集体维度，如果忽视了后者，那么也就忽视了科学知识产生所具有的十分重要的社会本质"[②]。因此，建立全面完整的认识论势在必行，这种认识论框架不仅要体现主体性要素，也必然包含社会环境、文化背景要素。而置身于当代社会、历史、文化背景中的社会知识表征则可以解决以往知识表征在本体论和认识论上的缺陷，这也正是社会性知识表征的使命，具体表现在以下几个方面。

第一，社会知识表征的主体由个体转向共同体。知识表征过程是认知主体与认知客体相互作用的结果，认知主体就是人类本身。以往哲学、社会学以及认知科学将知识表征视为研究者个体理性或经验研究的结果，即便后来的知识社会学或科学社会学没有否认社会因素在知识或科学发展中的影响，并认为社会因素会影响认知主体的选择，但强调的仍然是个体科学家的研究，完全忽视了由科学家个体组成的共同体所具有的社会认知的效应，忽视了科学作为集体事业，它是社会生产并呈现出来的公共知识的表征。在社会知识表征看来，在研究中渗透社会性因素的同时，强调知识表征的主体应是科学共同体。

科学知识社会学将科学知识共同体视为科学研究的必要组成，认为理论的选择体现了科学共同体之间磋商、解释和争论的社会过程，是科学共同体之间协商的结果，因此，科学共同体是知识产生的主体甚至是决定者，必须强调"认知共

① 丘奇兰德. 2001. 认知神经生物学中的某些简化策略[A]//玛格丽特·博登. 人工能哲学[C]. 刘西瑞，王汉琦译. 上海：上海译文出版社：456.

② Downes S M. 1993. Socializing naturalized philosophy of science [J]. Philoshy of Science, 60(33): 452-168.

同体”在知识表征过程中的突出地位。对此，美国社会认识论者史蒂夫·富勒尔（Steve Fuller，1959— ）也持相同的观点，主张从事知识生产活动的主体应由许多个体有机组成的共同体代替传统的认知个体。不仅如此，对认知主体的分析也不应总局限于个体层面内，而要关注由不同社会文化背景、持不同的价值观并拥有不同认知能力的个体所构成的群体，注重共同体之间的合作，只有在共同体中形成的知识才是有意义的。阿尔温·戈德曼（Alvin L. Goldman，1938— ）在其认识论研究中强调，“社会认识论关注的是知识的社会路径；它不把自身限制在单独的信奉者那里，而是常常关注于一类集体、群体并检查团队成员间信息或错误信息的传播，强调在更大的社会群体中知识或错误的分配”[①]。

第二，社会知识表征过程中涉及社会性因素的考虑。个体知识的表征过程主要依靠认知个体的知觉、推理和记忆，是一种内在的、静态的、理性的认知过程，与社会性因素无关。

事实上，知识的表征是科学共同体与相关社会因素互相作用的结果。科学知识社会学就将科学知识从神圣的殿堂带到平凡的世界，在科学知识社会学看来，即便是科学知识的表征也是偶然性的结果，它的产生过程决定于主体即科学共同体的价值观、兴趣、利益选择等偶然性因素，本身就负载着非理性、利益和社会性磋商，并且在得到其他有着各种文化、利益和道德背景的科学家的评价和接受后，才能融入公共性知识体系。因此科学知识的形成也是科学共同体语境化的理解。同样，认知科学中的具身动力理论主张将主体、身体、环境统一起来，知识表征源于与身体、环境相互作用的动力系统。

当然，这里所强调的社会因素是开放性的，既可以是与“理性”相对应的社会因素，也可以是具体的诸如认知主体的现实利益、主体间性或者政治法律等因素，还可以是小的共同体等。总之，这种社会性的因素包括了影响知识表征的所有主观或客观、理性或非理性、个体或社会的因素的总和。

第三，社会知识表征具有规范性。个体认识论依靠辩护方法对知识进行确证，但在自然化认识论看来，知识的辩护没有必要，因为知识的表征不是规范性的，而是描述性的，既没有相应的认识规则与标准，也没有经验基础的评价准则，这就挑战了传统的知识论观点，弱化了知识的规范性。这不仅使知识的确证陷入了相对主义的困境，也使对知识表征的理解仅限于学科内的简单描述，而非普遍意义上的指导。当然，这两种认识论考察的对象是理念的、个体化的知识表征，没

① Goldman A L . 1994. Knowledge in a Social World[M]. Oxford: Oxford University Press: 4.

有涉及社会实践的问题。那么，渗透了社会性因素的社会知识表征是否具有规范性以及合法性呢？

在社会的知识表征过程中，由于所侧重的社会性因素不同，相应地，对知识表征的规范性也有不同的理解和解释。在科学知识社会学看来，知识的表征是社会压抑下的产物，知识在表征过程中要考虑科学共同体的共同利益，以共同利益为目的，即合乎共同体利益的知识就是被确证的，具有规范性。戈德曼则提出“求真”的规范，即对真理的追求和辩护是认识论的核心，因此，对社会行为评价与判定依据的标准是，对在认识论上有价值的真理或知识之类事物的发展是起促进还是阻碍作用。由于社会知识表征渗透着社会性的因素，所以这里的社会行为主要是社会制度化的行为，它“包括言语、其他交流行为以及影响信息交换与传递的组织规则与行为”①。如果某种社会制度化的行为在一个组织内部促进了真理，这种行为便是合法的。富勒尔则认为判断知识表征是否合理，应从政治上而不是认识论上理解，政治上民主化的规范能使知识表征更加规范化、合法化。因此，可以借助认知主体外部环境的改变调整知识的表征以及知识的分配，必要时，还可以采取强制措施，通过法律手段对科学共同体进行管理，以保证知识表征的规范化。因此，社会知识表征的规范性具体要视社会因素而定，而知识表征的主体是共同体，这就使知识的表征有了规范的来源。

从社会知识表征的主体、过程及确证几方面对社会知识表征的分析来看，社会知识表征更符合当代“大科学”时代的背景，弥补了以往知识表征研究中的不足，使我们对当代社会背景下的知识表征有新的启示。当然，知识表征属于认识论研究，社会知识表征就是认识论的社会化。20 世纪 80 年代发展起来的社会认识论（social epistemology），改变了长久以来从个体的视角及范围研究知识表征的状态，将知识的产生、接受和传递从个体认识的框架之中脱离并延伸出来，并将社会因素纳入其中，重新规定了知识的辩护性需要。由此看来，社会知识表征在认识论上体现了社会认识论的意义，具有新的研究价值和意义。

首先，社会知识表征超越了以往二元对立的思想。受笛卡儿思想的影响，近代认识论彻底贯彻了二元论假设，认为身体和心灵彼此独立，知识是客体在主体观念中的再现。不仅如此，这种二元论思想也直接影响了早期的认知科学，计算表征主义就采取了严格的二元论立场，割裂了知识的表征与身体的关系，把大脑看作是一个符号操作系统，心智的运作是电脑的信息处理过程，主张心智独立于

① Goldman A L. 1991. Social epistemics and social psychology[J]. Social Epistemology, (5): 1.

身体而存在，二者几乎零相关。这种观点最终陷入了“离身”危机，导致了个体主义的倾向。因此，认知科学早期的知识表征“是笛卡儿主义的生动遗产……追随笛卡儿，心理学家在实在和思维之间划分了严格的界限……笛卡儿的二元论不仅给理解心灵和身体的互动带来了困难，同时也给理解心灵和社会情境的交互影响带来了障碍”[①]。

社会知识表征则消解了认知主体与客体的二元对立，使主体性与实在性、身体与世界得以共存于知识表征中。它强调知识表征是主体与社会环境、社会历史共同作用、共同参与的结果，强调主体的能动性。认知科学中的具身理论在知识表征的研究中发现了身体因素及其知觉在认知中所发挥的作用，认为“要真正了解大脑的认知活动，我们就必须足够重视身体与环境的复杂作用，必须认为心灵不是一个内在模型和表征集聚的特殊的内在场所，而是一个在大脑、身体和环境整合的同时又相互交错的复杂系统的活动过程”[②]，它们之间互相作用才更贴近知识的实际表征过程。女性主义的知识论，也对以往关于知识是在男女两性对立基础上建立的关于理性与感性、公共与私人等观念进行了批判，主张要消除主流知识的客观性（即男性气质为主导知识），就要借助女性主义的知识重新界定并解释知识的客观性。换言之，即通过科学共同体对知识进行跨历史、跨文化的审查，将以前坚决抵触、压制的社会性因素纳入知识的表征过程中，拒绝建立在特权之上的科学普适性和统一性。

其次，社会知识表征扩展了知识表征的来源。社会知识表征将知识与社会因素结合，这种社会的因素不仅包括共同体利益、共同体间的关系、与理性相对的社会等，还包括“陈词”因素。

个体认识论认为知识的表征与他人无关，他人的话语即陈词不具有可信度，它是一种不可靠的知识信念来源，不可能作为有效传播知识的方式或来源，也不能作为信息或知识接受的证据。在洛克看来，“话语就其基本的或直接的意义而言是无用的，它只是使用者头脑中的想法”[③]。“在知识的发现中，要从本源上探讨的话，依靠的是我们自己而非他人的思想，那样我们也许就会获得更大进展……在我们的大脑中，他人的观点并不会使我们有一丁点更多的认识，虽然它

① PriUcltensky. 1990. On the social and political implications of cognitive psychology[J]. The Journal of Mind and Behavior, 11(2): 129-131.

② Clark A. 1999. An embodied cognitive science[J]? Trends in Cognitive Sciences, 3(9): 345-351.

③ Locke J . 1979. An Essay Concerning Human Understanding[M]. Oxford: Oxford University Press: 298.

们偶尔为真，但科学本身就在于我们的执着。”[①]休谟则开创了关于陈词观点的转折，认为“对于人类生活而言，没有哪一种类型的推理比源自人们的陈词以及目击者或旁观者的报告更为普遍、更为有用，或者甚至必需的了”[②]。但他在提升了陈词的地位及可信度的同时，却将其价值还原到个人的观察和经验中去理解。可见，当时个人主义的认识论模糊了陈词的作用。

到了当代，由于知识的复杂性以及“大科学”时代的背景，繁重的认知任务已经大大超出了个体的认知能力。知识的产生与表征不能仅仅依靠个体的感觉、记忆和推理，个体认知方式在当代科学中已经失去了效力。因此，在库恩之后，随着知识表征的社会性逐渐凸显，陈词在其中也发挥着非常重要的作用，知识的产生和传递都不得不依赖陈词，这是因为科学的复杂性、知识的庞大和专业性使科学共同体在进行研究时不得不引用或借鉴他人的研究资料、研究成果或实验结论等二手资料，这样既可以避免重复研究，也节省研究成本，提高知识生产的效率。同时，知识具有共享性，知识在表征中既可以依赖于他人，也可以利用他人的观点及二手知识为自己的观点进行辩护，这就体现了陈词与知识表征的社会性之间的关联，并可以将陈词这一知识的来源纳入社会认识论的研究范畴。

最后，社会知识表征重新界定了科学知识的客观性。自知识产生，尤其是18世纪启蒙运动之后，“知识二分法”的划分将科学知识视为带有某种特殊优越性的知识，主张科学知识在表征过程中既不受研究者个体的情感、情绪、价值的影响，是价值中立的，也不受社会因素“污染”，是很纯的客观知识，以“上帝之眼”自居。这种科学知识表征的客观性成为当时主流知识论的最高目标。

受库恩范式影响的科学知识社会学在知识表征的社会性研究中重新界定了科学知识的客观性。所有的知识“不论是经验科学知识，还是数学知识都应该对其进行彻底的研究……没有什么特殊的界限存在于科学知识的本身的绝对的，先验的或存在于合理合法的、真理的或客观的特殊本质之中”[③]，科学知识必须被纳入社会学的范畴，科学知识的表征是科学共同体共同决定的产物，是偶然性的结果。女性主义知识论也不赞同把科学知识看作是价值中立的或客观的，因此重建了知识的客观性。新的知识表征在传统客观性的基础上渗透了价值因素，桑德拉·哈丁（Snadra Harding，1935—　）的“强客观性”主张科学知识的客观性应

① Locke J . 1979. An Essay Concerning Human Understanding[M]. Oxford: Oxford University Press: 60-61.
② Hume D. 1975. An Inquiry Concerning Human Understanding[M]. Oxford: Oxford University Press: 11.
③ D. 布鲁尔. 2001. 知识和社会意向[M]. 艾彦译. 北京：东方出版社：1-3.

"包括对系统的……强大的背景信念的审查，以求产生最大化的客观性"①，在知识表征中不仅要求对社会背景因素进行审视，还要求对认知主体进行考察，因为在科学研究的每个阶段，处于社会情境中的认知主体的社会立场、利益、背景假设、价值观、偏见等，都会产生不容忽视的影响。唐娜·哈拉维（Donna J. Haraway，1944— ）也将情境知识视为客观性知识的表达形式之一，她曾明确指出，"我喜欢一种具体化的客观性（embodied objectivity）学说……女性主义客观性指的是情境知识"②。

知识表征不简单是个人的认知产物，更是社会认知的结果。哲学的探究和科学的研究都表明：个人和自然的相互作用是知识产生的前提和内因，而社会甚至包括文化才是知识及其表征实现的最终社会原因（外因）。正是这些内因和外因的相互作用才最终造就了人类知识。

因此，对知识表征的本质、作用机制、特征以及发展变化趋势等相关问题进行研究，既可以扩展知识表征的研究范畴，充实和完善知识表征的相关理论以及研究，也有助于当前认知科学的发展、范式的转变以及认知哲学的体系建构，顺应了当前社会认识论的研究热潮以及发展趋势。

当然，我们知道，知识表征不仅是认知领域中非常重要的议题，同时，知识表征也承担着知识的积累与文化的传承和发展的重任。由此，在新时代的宏观社会背景下，对知识表征与认知等理论的研究和探讨，有助于为当前我国文化建设、文化自信的实现、意识形态宣传以及理想信念教育等问题的研究提供不同学科背景的理论支撑和依据，有助于对这些社会现实问题进行更为深入的学理性分析，具有重要的实际价值和研究意义。

① Harding S. 1991. Whose Science? Whose Knowledge? Thinking from Women's Lives[M]. New York: Cornell University Press: 149.

② Haraway D J. 1991. Simians, Cyborgs, and Women:The Reinvention of Nature[M]. New York: Routledge Press: 188.